AF363643

NOMENCLATURE GÉNÉRALE
EN LATIN ET EN FRANÇAIS,
DE TOUTES LES SUBSTANCES QUI PEUVENT SERVIR A ÉTIQUETER LES BOCAUX D'UNE PHARMACIE.

I

Cette Nomenclature est le relevé exact de celle que contient le PRIX-COURANT de la Maison MENIER et Cie, auquel M. CLARE renvoie les amateurs de belles Étiquettes, ils y trouveront la majeure partie des Échantillons de sa Fabrique.

1.	2.	3.	4.	5.	NOMS FRANÇAIS.	NOMS LATINS.
					ACÉTATE d'Ammoniaq:.....	ACETAS..Ammonicus .....
					» ...de Morphine.....	» ...Morphicus.....
					» ...de Plomb	» ...Plumbicus.....
					» ...de Plomb Liq:....	» ...Plumbic: L:....
					» ...de Potasse	» ...Potassicus .....
					» ...de Quinine.....	» ...Quinicus.....
					» ...de Soude.....	» ...Sodicus .....
					» ...de Cuivre	» ...Cupricus.....
					» ...de Cuivre Cr:....	» ...Cupricus Cr:....
					S:-ACÉTATE de Plomb.....	S:-ACETAS Plumbicus.....
					...» ....de Plomb Liq:....	» ...Plumbic: Cr:....
					ACIDE...Acétique.....	ACIDUM..Aceticum.....
					» ...Arsénieux	» ...Arseniosum.....
					» ...Antimonique.....	» ...Stibicum.....
					» ...Azotique.....	» ...Azoticum.....
					» ...Benzoïque.....	» ...Benzoïcum.....
					» ...Boracique.....	» ...Boracicum.....
					» ...Borique	» ...Boricum.....
					» ...Carbonique.....	» ...Carbonicum.....
					» ...Chlorhydrique	» ...Chlorhydric:.....
					» ...Hydrochloriq:	» ...Hydrochloric:.....
					» ...Hydrosulfuric:....	» ...Hydrosulfuric:....
					» ...Hydrocyaniq: ...	» ...Hydrocyanic:....
					» ...Muriatique.....	» ...Muriaticum.....
					» ...Nitrique.....	» ...Nitricum.....
					» ...Nitrique Alc:....	» ...Nitric: Alc:....
					» ...Nitro-Muriat:....	» ...Nitro-Muriat:....
					» ...Oxalique.....	» ...Oxalicum.....
					» ...Phosphorique.....	» ...Phosphoric:....
					» ...Prussique	» ...Prussicum.....
					» ...Succinique.....	» ...Succinicum.....
					» ...Sulfhydrique.....	» ...Sulfhydric:....
					» ...Sulfureux.....	» ...Sufurosum.....
					» ...Sulfuriq: P:....	» ...Sulfuric: P:....
					» ...Sulfuriq: Alc:....	» ...Sulfuric: Alc:....
					» ...Tannique.....	» ...Tannicum.....
					» ...Tartrique	» ...Tartricum.....
					AMIANTE.....	AMIANTUS.
					AIMANT	MAGNES.....
					ALCALI volatil	AMMONIA Aquâ Soluta .....
					AGARIC blanc.....	BOLETUS Laricis.....
					...» .... de Chêne.....	» ...Ignarius.....
					ALOES ....Succotrin.....	ALOES ....Soccotrina .....

1846

1.	2.	3.	4.	5.	NOMS FRANÇAIS.	NOMS LATINS.
					ALOES.... Hépatique.	ALOES.... Hepatica
					» .... Cabalin.	» .... Cabalina
					ARGENT.	ARGENTUM.
					ANTIMOINE.	STIBIUM.
					ANIS.	PIMPINELLA Anisum
					ANIS...... Étoilé.	ILLICIUM... Anisatum.
					... » ... Couvert.	... » .... Obvolutum
					AMIDON.	AMYLUM.
					ALBUM.... Céti	ALBUM.... Ceti
					ALCOOL. Camphré	ALCOOL... Camphorat:
					... » ... Ethéré	... » ... Ætheris:
					... » ... Rectifié.	... » ... Rectificat:
					... » ... Nitrique	... » ... Nitricus.
					... » ... Sulfurique	... » ... Sulfuricus.
					... » ... à 21	... » ... 21 grad:
					... » ... à 22	... » ... 22 »
					... » ... à 23	... » ... 23 »
					... » ... à 30	... » ... 30 »
					... » ... à 33	... » ... 33 »
					... » ... à 36	... » ... 36 »
					... » ... à 40	... » ... 40 »
					ALCOOLAT. Aromat: Am:	ALCOOLAT: Aromat: Am:
					... » ... de Bergamot:	... » ... Citri Berg:
					... » ... de Calamus.	... » ... Calami
					... » ... de Cannelle.	... » ... Cinnamomi
					... » ... de Cédrats	... » ... Citri Med:
					... » ... de Citrons	... » ... Citri Lim:
					... » ... de Cochléaria	... » ... Cochleariæ
					... » ... de Cochléar: C:	... » ... Cochlear: C:
					... » ... de Fioraventi.	... » ... Fioraventi.
					... » ... de Garus.	... » ... Gari
					... » ... de Lavande	... » ... Lavandulæ
					... » ... de Mélisse	... » ... Melissæ.
					... » ... de Mélisse C:	... » ... Melissæ C:
					... » ... de Menthe	... » ... Menthæ
					... » ... de Muscade.	... » ... Moschatæ.
					... » ... d'Oranges.	... » ... Aurantii.
					... » ... de Romarin.	... » ... Rosmarini.
					... » ... de Sassafras.	... » ... Sassafras
					... » ... de Térébenth:	... » ... Terebenth:
					... » ... Vulnéraire.	... » ... Vulnerar:
					AZUR..... Quatre-feux	OXIDUM... Cobalti
					ALUN	ALUMEN
					ALUN..... Calciné	ALUMEN... Ustum
					» ... de Glace	SULFAS AC: Aluminico P:
					» ... de Rome	ALUMEN... Romæ
					» ... de Roche.	» ... Rochiæ.
					AMMONIAQUE	AMMONIA
					AMMONIAQUE Liquide	AMMONIA.. Liquida.
					AMANDES.. Douces.	AMYGDALÆ. Dulces.
					... » ... Amères.	... » ... Amaræ
					ASA-FOETIDA.	ASA-FOETIDA.
					AVOINE.	AVENA SATIVA.
					ARROW-ROOT.	MARANTA. Arundinacea
					AMBRE... Gris	PHYSETER. Macrocephalus

1.	2.	3.	4.	5.	NOMS FRANÇAIS.	NOMS LATINS.
					AMBRE. . . . Jaune.	PHYSETER . Succinum. . . .
					AMBRETTE	HIBISCUS. . Abelmoschus . . .
					ANTIMOINE. Purifié. . . .	STIBIUM. . . Purificatum. . . .
					» . . . Diaphorétiq: . . .	. . . » . . . Diaphoretic:. . . .
					» . . . Cru. . . .	. . . » . . . Crudum. . . .
					ANTIMONIATE de Potasse. . . .	STIBIAS. . . Potassicus. . . .
					ARSÉNIATE de Potasse . . .	ARSENIAS . Potassicus. . . .
					BAUME (*Alcoolé*) d'Arcœus. . .	BALSAMUM (*Alcoolet:*) Arcœi..
					. . . » . . . de Fioraventi. . . .	. . . » . . . Fioraventi. . . .
					» . . . Nerval	» . . . Nervinum. . . .
					» . . . Opodeldoch. . . .	» . . . Opodeldoch. . . .
					» . . . de Soufre An: . . .	» . . . Sulfuris An: . . .
					» . . . Tranquille	. . . » . . . Tranquillans. . . .
					» . . . du Pérou. . . .	. . . » . . . Peruvianum. . . .
					» . . . du Canada	» . . . Canadense . . . .
					» . . . de la Mecque	» . . . Amyris Opobal: . .
					» . . . de Judée	» . . . Judaïcum. . . .
					» . . . de Giléad. . . .	» . . . Gileadense. . . .
					» . . . de Brésil	» . . . Brasiliense . . . .
					» . . . de Copahu	» . . . Copahifer: . .
					» . . . Vert de M:	» . . . Viride . . . .
					» . . . de Marie	» . . . Mariæ . . . .
					» . . . de Tolu. . . .	» . . . Toluiferum . . . .
					. . . » . . . du Command:. . .	. . . • . . . Commendat:
					BEURRE. . . de Cacao	OLEUM CONC: Sem:-Cacao.. . .
					. . . » . . . de Muscades. . . .	. . . » . . . . S:-Moschatæ . . . .
					. . . » . . . d'Antimoine	CHLORURETUM Stibicum . . .
					BISMUTH.	BISMUTHUM . . . . .
					BISMUTH . . Purifié..	BISMUTHUM. . . Repurgatum . . .
					BLANC. . . . de Baleine.	ALBUM. . . . Ceti . .
					» . . . de Fard.	. . . » . . . Bismuthic: . . . .
					» . . . de Plomb.	S:-CARBON: Plumbicus.. . . .
					. . . » . . . d'Argent	S:-CARBON: Plumb: Elect: . . .
					BLEU . . . . de Prusse.	CYANURETUM. Ferroso-Ferric:. .
					BOL. . . . . . d'Arménie	BOLUS . . . . Orientalis: . . . .
					BOULES . . . de Mars.	GLOBULI . . Martiales . . . . .
					. . . » . . . de Nancy.	. . . » . . . Martiales . . . .
					BROMURE. . de Potassium . . .	BROMURETUM. Potassii . . . .
					BRUCINE.	BRUCINA. . . . . .
					BORATE. . . de Soude.	BORAS. . . . Sodicus. . . .
					S:-BORATE. de Soude.	S: BORAS. . Sodicus. . . .
					BAIES . . . . de Genièvre. . . .	BACCÆ . . . Juniperi. . . .
					. . . » . . . d'Alkékenge. . . .	. . . » . . . Alkekengi. . . .
					. . . » . . . de Laurier	. . . » . . . Lauri. . . .
					BADIANE.	ILLICICIUM Anisatum . . . .
					BALAUSTES.	CORTEX FR: PunicæGr: . . . .
					BDELLIUM	BDELLIUM . . . . .
					BENJOIN.	BENZOINUM . . . . . .
					BOIS. . . . . . d'Aloës.	LIGNUM. . . Aloës. . . . . .
					. . . » . . . de Brésil	. . . » . . . Brasiliense . . . .
					. . . » . . . de Campech . . .	. . . » . . . Campechian: . . . .
					. . . » . . . de Gayac	. . . » . . . Guayacum . . . .
					. . . » . . . de Surinam. . . .	. . . » . . . Surinami. . . .
					. . . » . . . d'Aigle	. . . » . . . Aquilinum . . . .

1.	2.	3.	4.	5.	NOMS FRANÇAIS.	NOMS LATINS.
					BOIS.....de Rhodes.....	LIGNUM...Rhodium.....
					»...des Moluques....	»...Moluccense.
					»...Néphrétique.	»...Nephreticum
					»...d'Acajou.	CASSUVIUM Occidentale.
					»...de Ste-Lucie....	CERASUS...Padus.
					»...Gentil.	DAPHNE...Mezereum.
					BOURGEONS de Sapin.	GEMMÆ...Abietis.
					»...de Peuplier.	»...Populi.
					CACAO.	THEOBROMA CACAO.
					CAMPHRE.	CAMPHORA.
					CANNELLE. de Ceylan.	CINNAMOMUM: Zeylanicum..
					»...de Chine..	»...Chinense.
					»...Blanche.	»...Album.
					CANTHARIDES.	CANTHARIDES.
					CAPILLAIRE du Canada	ADIANTHUM Pedatum.
					»...de Montpellier.	»...Capillus Ven:
					CASTOREUM.	CASTOREUM..
					CIRE.....Blanche.	CERA.....Alba.
					»...Jaune.	»...Flava.
					CLOPORTES.	ONISCUS ASELLUS.
					COCHENILLE.	COCCINELLA.
					COLOPHONE.	COLOPHONIA.
					COLOQUINTE.	CUCUMIS Colocynthis.
					CORAIL...Rouge.	ISIS......Nobilis..
					»...Préparé	CORALLUM. Præparatum.
					CORALINE.Blanche.	CORALLINA Alba.
					»...de Corse.	FUCUS...Helminthoc:
					CUBÈBES.	CUBEBÆ.
					COLLE....de Poisson	ICHTHYCOLLA..
					CAMPHRÉE.de Montpellier.	CAMPHORATA Hirsuta.
					CLOUS...de Girofle.	CARYOPHYLLI Officinales
					CASSIS.	RIBES RUBRUM.
					COQUES...du Levant	COCCULI...Orientales.
					CINNABRE.	CINNABARIS.
					CÉRUSE.	CARBONAS..Plumbicus.
					CORNE DE C: Rapée.	RASURA...Cornu Cervi.
					»...Calcinée	CORNU C:. Ustum.
					CACHOU.	CATHECU.
					CACHOU...Purifié.	CATHECU..Repurgatum
					CALOMÉLAS	CHLORURETUM Hydrargyrosum
					CARBONATE d'Ammoniaq:	CARBONAS. Ammonicus.
					»...de Chaux	»...Calcicus.
					»...de Fer	»...Ferricus.
					»...de Potasse	»...Potassicus.
					»...de Soude	»...Sodicus.
					»...de Plomb.	»...Plumbicus
					»...de Cuivre.	»...Cupricus.
					»...de Magnésie	»...Magnesicus
					S:-CARBONATE de Soude	S:-CARBONAS Sodicus.
					»...de Potasse	»...Potassicus.
					BI-CARBONATE de Potasse.	BI-CARBONAS Potassicus
					»...de Soude.	»...Sodicus.
					CÉRAT (*Oléocérolé*) de Galien	CERATUM (*Oleocerolet:*) Galeni
					»...de Goulard	»...S:-Ac. Plumb:

1.	2.	3.	4.	5.	NOMS FRANÇAIS.	NOMS LATINS.
..	..	..	..	..	CÉRAT (*Oleocérolé*) à la Rose .	CERATUM(*Oleocerolet:*)Rosatum
..	..	..	..	..	... » ...de Saturne.	... » ...S:-Ac: Plumb: . . .
..	..	..	..	..	... » ...Simple	... » ...Simplex . . . . .
..	..	..	..	..	... » ...Soufré..	... » ...Sulfuratum. . . . .
..	..	..	..	..	CHAUX....Eteinte	OXIDUM...Calcic: Aq: S: . . .
..	..	..	..	..	CHLORATE de Potasse	CHLORAS..Potassicus. . . . .
..	..	..	..	..	CHROMATE de Potasse	CHROMAS..Potassicus. . . . .
..	..	..	..	..	CHLORHYDR: de Morphine . . .	CHLORHYDRAS Morphicus. . . .
..	..	..	..	..	... » ...de Quinine	... » ...Quinicus. . . . .
..	..	..	..	..	... » ...d'Ammoniaq:	... » ...Ammonicus. . . .
..	..	..	..	..	CHLORURE de Chaux.	CHLORURETUM Calcicum. . . .
..	..	..	..	..	... » ...de Chaux Liq	... » ...Calcic: Liq:. . . .
..	..	..	..	..	... » ...d'Antimoine	... » ...Stibicum. . . . .
..	..	..	..	..	... » ...de Barium	... » ...Baryticum . . . .
..	..	..	..	..	... » ...de Calcium. . . .	... » ...Calcii. . . . . .
..	..	..	..	..	... » ...de Fer	... » ...Ferricum. . . . .
..	..	..	..	..	... » ...de Magnésium. . .	... » ...Magnesii . . . .
..	..	..	..	..	... » ...de Mercure	... » ...Hydrargyri. . . .
..	..	..	..	..	... » ...de Mercur: Pr: . .	... » ...Hydrarg: Pr: . .
..	..	..	..	..	... » ...de Mer: à la V: . .	... » ...Hydrarg: ad: V: . .
..	..	..	..	..	... » ...de Potassium . . .	... » ...Potassii . . . . .
..	..	..	..	..	... » ...de Sodium	... » ...Sodii . . . . . .
..	..	..	..	..	... » ...de Zinc.	... » ...Zincicum. . . . .
..	..	..	..	..	PROTO-CHLOR: de Mercure. . .	PROTOCHLOR: Hydrargyric:. .
..	..	..	..	..	DEUTO-CHLOR: de Mercure. . .	DEUTO-CHLOR: Hydrargyric: . .
..	..	..	..	..	CLOUS ....Fumants	PASTILLI (*Saccharol: S:*) Odorati
..	..	..	..	..	COLCOTHAR	OXIDUM: FER: Igne Parat: . . .
..	..	..	..	..	COLLYRE..de Lanfranc. . . .	COLLYRIUM Lanfranci . . . .
..	..	..	..	..	... » ...Ammoniacal	... » ...Ammoniacal: . . .
..	..	..	..	..	... » ...de Leayson	... » ...Leayson . . . . .
..	..	..	..	..	COUPEROSE Blanche	SULFAS...Zincic: C: Aq: . .
..	..	..	..	..	... » ...Verte.	... » ...Ferros: C: Aq: . .
..	..	..	..	..	... » ...Bleue.	... » ...Cupric: C: Aq: . .
..	..	..	..	..	CRÈME....de Tartre.	BI-TARTRAS Potassicus . . .
..	..	..	..	..	... » ...de Tartre S: . . .	TARTRAS..Borico-Pot:. . . .
..	..	..	..	..	CRÉOSOTE.	CRÉSOTA . . . .
..	..	..	..	..	CRISTAL..Minéral	NITRAS ...Potassic: F: . . .
..	..	..	..	..	CYANURE..de Fer	CYANURETUM Ferricum. . . .
..	..	..	..	..	... » ...de Fer hydr: . . .	... » ...Ferroso-Ferric:. . .
..	..	..	..	..	... » ...de Mercure. . . .	... » ..Hydrargyric: . . .
..	..	..	..	..	... » ...d'Or.	... » ..Auricum . . . . .
..	..	..	..	..	... » ...de Potassium . . .	... » ..Potassii . . . . .
..	..	..	..	..	... » ...de Zinc	... » ..Zincicum. . . . .
..	..	..	..	..	DATTES	DACTYLI Officinales. . . . .
..	..	..	..	..	DIASCORDIUM	DIASCORDIUM . . . .
..	..	..	..	..	DIAPHÉNIX	DIAPOENIX . . . .
..	..	..	..	..	DOUCE-AMÈRE	SOLANUM Dulcamara. . . . .
..	..	..	..	..	DICTAME. de Crète	ORIGANUM. Dictamus . . . .
..	..	..	..	..	EAU DIST: (*Hydrolat*)d'Armoise.	AQUA....(*Hydrolat:*)Artemisiæ
..	..	..	..	..	... » ...d'Absinthe. . . .	... » ...Absinthii. . . . .
..	..	..	..	..	... » ...d'Amand: Am:. . . .	... » ...Amygd: am:. . . .
..	..	..	..	..	... » ...d'Anis.	... » ...Anisi. . . . . .
..	..	..	..	..	... » ...d'Anis Etoilé. . . .	... » ...Illicii Anisat:. . . .

1.	2.	3.	4.	5.	NOMS FRANÇAIS.	NOMS LATINS.
					EAU DIST: (*Hydrolat:*) de Bleuet.	AQUA (*hygrolat:*) Cyani.
					» ...de Genièvre.	» ...Juniperi.
					» ...de Bourrache.	» ...Borraginis
					» ...de Cannelle.	» ...Cinnamomi
					» ...de Cascarille.	» ...Cascarillæ.
					» ...de Cochléaria.	» ...Cochleariæ
					» ...de Coquelicots.	» ...Papav: Rh:
					» ...de Cresson	» ...Nasturtii
					» ...de F: de Pêcher.	» ...Fol: Amygd: P:.
					» ...de Girofles	» ...Caryophyll:.
					» ...d'Hysope.	» ...Hyssopi.
					» ...de Laitue.	» ...Lactucæ..
					» ...de Laurier C:.	» ...Lauri C:
					» ...de Lavande.	» ...Lavandulæ.
					» ...de Lierre T:	» ...Glecom: Hed:.
					» ...de Mélilot.	» ...Meliloti.
					» ...de Mélisse.	» ...Melissæ.
					» ...de Menthe P:.	» ...Menthæ P:
					» ...de Nymphœa	» ...Nymphææ.
					» ...de Pariétaire	» ...Parietariæ
					» ...de Plantain	» ...Plantaginis
					» ...de Fl: d'Orang:.	» ...Fl: Aurant:.
					» ...d'Origan	» ...Origani.
					» ...de Raifort	» ...Cochlear: Ar:.
					» ...de Roses	» ...Rosarum
					» ...de Sauge	» ...Salviæ
					» ...de Sassafras.	» ...Sassafras
					» ...de S: d'Angeliq:.	» ...S:-Angelicæ
					» ...de S: de Fenouil.	» ...S:-Fœniculi.
					» ...de S: de Persil.	» ...S:-Apii Pet:.
					» ...de Serpolet.	» ...Thymi Serp:
					» ...de Sureau.	» ...Sambuci.
					» ...de Tanaisie	» ...Tanaceti
					» ...de Thym.	» ...Thymi
					» ...de Tilleul.	» ...Tiliæ.
					» ...de Valériane.	» ...Valerianæ.
					EAU (*Hydrolé*) Ethérée.	AQUA (*Hydroletum*) C: Æthere:
					» ...Camphrée.	» ...Camphorat:.
					» ...d'Orge	» ...Cinnam: Hord:
					» ...Céleste.	» ...Cœlestis.
					» ...Pagédénique..	» ...Phagedenic:.
					» ...de Chaux.	» ...Calcis.
					» ...Sédative.	» ...Sedativa
					» ...d'Alibour.	» ...Alibour.
					» ...Régale	» ...Regia.
					» ...Vulnéraire	» ...Vulnerar:.
					» ...Minérale, Al.	» ...Mineralis
					» ...Végéto-Min:.	» ...Vegeto-Min:.
					» ...Vulnéraire R:.	» ...Vulner: R:
					» ...Vulnéraire Sp:	» ...Vulner: Sp:.
					» ...Vichy.	» ...Vichy.
					» ...de Casse	» ...Cassiæ
					» ...de Javelle.	» ...Javelliana
					» ...de Goudron.	» ...Picea.
					» ...de Goulard	» ...Vegeto-Min:

1.	2.	3.	4.	5.	NOMS FRANÇAIS.	NOMS LATINS.
					EAU (*Hydrolé*) de Gomme	AQUA (*Hydroletum*) Gummi Ar:
					» ..Gazeuse.	» ..Acidul: Sol:
					» ..de Botot	» ..Botot.
					EAU (*Alcoolat*) de Cologne	AQUA (*Alcoolat:*) Coloniensis.
					» ..de Mélisse Sp:	» ..Melissæ Sp:.
					EAU (*Alcoolé*) Thériacale.	AQUA (*Alcoolet:*) Theriacal:
					» ..Rouge	» ..Rubra
					» ..de Bonferme	» ..R: Moschatæ
					» ..de Luce	» ..Am: Succini
					EAU ÉTH: (*Ethérolé*) Camphrée.	AQUA ÆTH: (*Ætherol:*)Camphor:
					EAU HYDROSULFURÉE	ACID: SULFHYDR: Aquâ Solut:
					EAU.....de Rabel	ACID: SULF: Alcoolisat:
					EAU-DE-VIE(*hydralcool*)de Gayac	AQUA VITÆ (*hydralcool*) Guayaci
					» ..Camphrée.	» ..Camphorat:.
					» ..Allemande.	» ..Germanica..
					ELECTUAIRE (*Saccharid: M:*).	ELECTUARIUM (*Saccharid: M:*).
					» ..Catholic: D:	» ..Catholic: D:
					» ..Dentifrice.	» ..Dentifric:
					» ..Diaphœnix.	» ..Diaphœnix..
					» ..Diascordium	» ..Diascordium
					» ..Lénitif	» ..Lenitivum.
					» ..de Quina.	» ..Kinæ.
					» ..de Thériaque.	» ..Theriacale
					ELIXIR (*Alcoolé*) de Garus.	ELIXIRIUM (*Alcoolet:*) Gari.
					» ..Anti-Scrophul:.	» ..Anti-Scroph:
					» ..de Longue Vie.	» ..Longæ V:
					» ..de Pérylhe.	» ..Perylhi.
					» ..V. de Mynsicht:.	» ..V: Mynsichti
					» ..Parégorique.	» ..Paregoric:
					» ..Américain.	» ..American:
					» ..de Stoughton	» ..Stoughton
					ÉMERI.	SMYRIS
					ÉMÉTIQUE	TARTRAS..Stibico-Potas:
					EMPLATRE (*Stéaraté*)Brun	EMPLASTRUM (*Stearat:*) Fuscum
					» ..de Canet	» ..C: Oxido Fer:
					» ..de Cantharides.	» ..C: Canthar:
					» ..de Céruse.	» ..C: Cerusâ.
					» ..de Ciguë	» ..C: Cicutâ.
					» ..de Cire.	» ..C: Cerâ.
					» ..Diachylon.	» ..Diachyl: G:
					» ..Diapalme	» ..Diapalma.
					» ..des 4 Fondants	» ..è Mixt: Quat:
					» ..Mercuriel.	» ..C: Hydrargyro
					» ..de Nuremberg	» ..C: Minio C:
					» ..de Poix.	» ..C: Pice.
					» ..Résolutif	» ..è Mixt: Quat:
					» ..de Savon	» ..C: Sapone.
					» ..Simple	» ..Simplex
					» ..Vésicatoire	» ..Cantharid:
					» ..Vésicat: Ang:	» ..Cantarid: Angl:
					» ..de Vigo.	» ..C: Hydrargyro
					ÉPONGES..Préparées.	SPONGIÆ..præparatæ
					ESPÈCES (*Spéciolés*) Amères.	SPECIES (*Speciolet:*) Amaræ.
					» ..Anthelminth:	» ..Anthelminth:
					» ..Apéritives	» ..Diureticæ.

1.	2.	3.	4.	5.	NOMS FRANÇAIS.	NOMS LATINS.
					ESPÈCES (*Spéciolés*) Aromatiques	SPECIES (*Speciolet:*) Aromaticæ
					» ..Emollientes.....	» ..Emollientes.....
					» ..Pectorales.....	» ..Pectorales.....
					» ..Sudorifiques	» ..Sudorificæ.....
					» ..Vulnéraires.....	» ..Vulnerariæ.....
					» ..Béchiques	» ..Bechicæ..
					» ..Diurétiques.....	» ..Diureticæ.....
					» ..Astringentes	» ..Astringentes ....
					ESSENCE (*Alcoolé*) de Savon...	TINCTURA (*Alcoletum*) Saponis.
					» ..Céphalique.....	» ..Aromatica
					ESPRIT...de Mindererus....	ACETAS...Ammon: Aq: S:.
					» ..de Nitre Dulc:....	ACIDUM...Nitric: Alc:.....
					» ..de Sylvius.....	ALCOOLAT: Ar: Ammon:
					ÉTHER (*Étherol*) Acétique...	ÆTHER (*Ætherol*) Aceticus...
					» ..Nitrique......	» ..Nitricus.....
					» ..Nitrique Alc:....	» ..Nitricus Alc:....
					» ..Sulfurique	» ..Sulfuricus
					» ..Sulfurique Alc:....	» ..Sulfur: Alc:.....
					» ..Phosphoré	» ..C: Phosphoro.
					ÉTHIOPS...Martial.....	OXIDUM...Ferroso-Ferric:.
					» ..Minéral......	OETHIOPS..Minerale ....
					ENCENS	BOSWELLIA Serrata ....
					» ..en Larmes.....	BOSWEL: SER: Lacrymata ....
					EUPHORBE.....	EUPHORBIUM.
					EXTRAIT (*Opostolé*) d'Absinthe.	EXTRACTUM (*Opostol:*) Absinthii
					» ..d'Aconit	» ..Aconiti.....
					» ..d'Agaric	» ..Agarici.....
					» ..d'Aloës	» ..Aloës.....
					» ..d'Armoise.....	» ..Artemisiæ ....
					» ..d'Arnica	» ..Arnicæ.....
					» ..d'Aunée	» ..Inulæ Hel:.....
					» ..de B: de Sureau.....	» ..B:-Sambuci.
					» ..de Bardane....	» ..Arctii Lap:....
					» ..de Belladone.....	» ..Belladonæ.....
					» ..de Bistorte	» ..Bistortæ..
					» ..de Bourrache.....	» ..Borraginis.....
					» ..de B: de Noix.....	» ..Jugl: Reg:....
					» ..de Cachou.....	» ..Cathecu.....
					» ..de Cainça.....	» ..Caïncæ.....
					» ..de Camomille	» ..Chamœmelli ....
					» ..de Cantharides.....	» ..Cantharidum..
					» ..de Casse	» ..Cassiæ.....
					» ..de Chardon B:....	» ..Cardui B:.....
					» ..de Chamœdris.....	» ..Chamœdrys.
					» ..de Chicorée.....	» ..Cichorii .....
					» ..de Chiendent	» ..Tritici Rep:..
					» ..de Ciguë.....	» ..Cicutæ.....
					» ..de Colchique	» ..Colchici
					» ..de Cochléaria.....	» ..Cochleariæ.....
					» ..de Colombo.....	» ..Cocculi P:.....
					» ..de Coloquinte.....	» ..C: Colocynth:....
					» ..de Concombre.....	» ..Ecbalii El:.....
					» ..de Cresson	» ..Nasturtii.....
					» ..de Digitale	» ..Digitalis.....
					» ..de Douce-Am:.....	» ..Dulcamaræ.....

1.	2.	3.	4.	5.	NOMS FRANÇAIS.	NOMS LATINS.
					EXTRAIT (*Opostolé*) de Laitue. .	EXTRACTUM (*Opostolet;*)Lactucæ
					» ..d'Ellébore N:. . . .	» ..Ellebori N:. . . . .
					» ..de Fiel de B:. . . .	» ..Fellis Bov: . . . .
					» ..de Fumeterre. . . .	» ..Fumariæ . . . . .
					» ..de Gayac.	» ..Guayaci . . . . .
					» ..de Genièvre	» ..Juniperi. . . . .
					» ..de Gentiane. . . .	» ..Gentianæ. . . . .
					» ..de Groseilles. . . .	» ..Ribes Rub:. . . .
					» ..de Houblon. . . .	» ..Humuli L: . . . .
					» ..d'Ipéca.	» ..Ipecacuan:. . . .
					» ..de Jalap	» ..Jalapæ.. . . . .
					» ..de Jusquiame. . . .	» ..Hyosciami. . . .
					» ..de Myrrhe.	» ..Myrrhæ. . . . .
					» ..de Nerprun. . . .	» ..Rhamni Cath:. . .
					» ..de Noix V:. . . .	» ..Nucis V:. . . . .
					» ..d'opium.	» ..Opii. . . . . .
					» ..d'Ortie	» ..Urtricæ D:. . . .
					» ..de Pareira Br: . . .	» ..Pareiræ Br:. . . .
					» ..de Patience. . . .	» ..Patientiæ . . . .
					» ..de Pavôts. . . .	» ..Papaveris . . . .
					» ..de Pensées:. . . .	» ..Violæ Arv: . . .
					» ..de Persil.	» ..Apii Pet:. . . . .
					» ..de G: Centaur. . .	» ..Cent: Centaur: . .
					» ..de Pissenlit. . . .	» ..Taraxaci. . . . .
					» ..de Polygala	» ..Polygalæ. . . . .
					» ..de Quassia	» ..Quassiæ. . . . .
					» ..de Quina	» ..Kinæ. . . . . .
					» ..de Raisins.	» ..Uvarum. . . . .
					» ..de Ratanhia. . . .	» ..Kramer: Ix: . . .
					» ..de Réglisse	» ..Glycyrrhizæ . . .
					» ..de Rhubarbe. . . .	» ..Rhei . . . . . .
					» ..de Rue	» ..Rutæ. . . . . .
					» ..de Sabine.	» ..Sabinæ.. . . .
					» ..de Safran. . . .	» ..Croci Sat:. . . .
					» ..de Salsepareille . . .	» ..Sarsaparil:. . . .
					» ..de Saponaire. . . .	» ..Saponariæ . . . .
					» ..de Saturne.. . . .	» ..S: Ac: Plumb: . .
					» ..de Scille.	» ..Scillæ. . . . . .
					» ..de Séné.	» ..Sennæ.. . . . .
					» ..de S: de Bellad: . .	» ..S: Belladonæ.. . .
					» ..de S: de Jusq: . . .	» ..S: Hyosciami
					» ..de S: de Stram:. . .	» ..S: Stramonii. . . .
					» ..de Stramonium. . .	» ..Stramonii. . . . .
					» ..de Trèfle d'E: . . .	» ..Menyanthes. . . .
					» ..de Valériane. . . .	» ..Valerianæ. . . . .
					ÉCORCE (ÉCORCES) d'Angust:Vr:	CORTEX (CORTICES) Angusturæ .
					» ..d'Angust: F:. . . .	» ..Ps: Angust:. . . .
					» ..de Bergamotte. . .	» ..Bergamiæ. . . . .
					» ..de Bigarades. . . .	» .Bigaradiæ. . . . .
					» ..de Canel: de Ch:. .	» ..Cinnam: Ch:. . . .
					» ..de Canel: de Ceyl: .	» ..Cinnam: Zeyl: . . .
					» ..de Canel: Bl:. . .	» ..Cinnam: Alb:. . .
					» ..de Cascarille. . . .	» ..Cascarillæ. . . . .
					» ..de Cassia Lign: . .	» ..Cassiæ Lign:. . . .
					» ..de Cédrats. . . .	» ..Citri Med: . . . .

1.	2.	3.	4.	5.	NOMS FRANÇAIS.	NOMS LATINS.
					ÉCORCE (ÉCORCES) de Chêne	CORTEX (CORTICES) Quercûs.
					» ..de Cynoglosse.	» ..Cynoglossi.
					» ..de Winter.	» ..Winteri.
					» ..de Sureau.	» ..Sambuci.
					» ..de Garou.	» ..Gnaphal: D:
					» ..de Limons	» ..Limoni.
					» ..d'Oranges.	» ..Aurantii.
					» ..d'Oran: Am:	» ..Aurantii Am:
					» ..d'Orme.	» ..Ulmi.
					» ..de Kina Gr:	» ..Cinch: Cond:
					» ..de Kina J:	» ..Cinch: Cord:
					» ..de Kina R:	» ..Cinch: Obl:
					» ..de Simarouba.	» ..Simarubæ,
					FÈVES... Tonka.	FABÆ....Tunkinens:.
					» ..St-Ignace.	IGNATIA ..Amara
					FIGUES... Grasses.	CARICÆ...Pingues.
					FOLLICULES de Séné	FOLLICULI. Sennæ.
					FÉCULE (*Amidolé*) de Sagou.	FECULA (*Amidoletum*) Sagu.
					» ..de Tapioka.	» ..Jatrophæ M:
					» ..d'Arrow-Root	» ..Marantæ Or:
					» ..de Riz.	» ..Oryzæ Sat:
					» ..de Pom: de T:	» ..Solani Tub:,
					» ..d'Amidon.	» ..Amyli.
					FEUILLES ..d'Absinthe.	FOLIA.... Absinthii
					» ..d'Aconit.	» ..Aconiti.
					» ..d'Aigremoine.	» ..Agrimoniæ..
					» ..d'Amandier.	» ..Amygd: Sat:
					» ..d'Angélique.	» ..Angelicæ.
					» ..d'Anémone	» ..Anemonæ.
					» ..d'Armoise.	» ..Artemisiæ.
					» ..d'Asarum.	» ..Asari.
					» ..de Beccabunga	» ..Beccabungæ.
					» ..de Belladone.	» ..Belladonæ.
					» ..de Bétoine.	» ..Betonicæ
					» ..de Bourrache.	» ..Borraginis.
					» ..de Bouillon Bl:	» ..Verbasci:
					» ..de Buis.	» ..Buxi S:
					» ..de Bugle	» ..Ajugæ Rep:.
					» ..de Buglosse.	» ..Anchusæ It:.
					» ..de Cabaret.	» ..Azari E:
					» ..de Calament.	» ..Melissæ Cal:.
					» ..de Cerfeuil..	» ..Scand: Ceref:.
					» ..de Chardon B:	» ..Cardui B:
					» ..de Chamœdrys.	» ..Chamœdris
					» ..de Chamœpit:.	» ..Chamæpitys.
					» ..de Chicorée S:	» ..Cichorii
					» ..de Chou R:	» ..Brassicæ Ol:.
					» ..de Gr: Ciguë.	» ..Conii Mac:
					» ..de Cochléaria	» ..Cochleariæ.
					» ..de Cresson.	» ..Nasturtii.
					» ..de Dict: de C:.	» ..Origani D:
					» ..de Digitale.	» ..Digitalis.
					» ..d'Erysimum.	» ..Erysimi.
					» ..de Fenouil.	» ..Fœniculi.

1.	2.	3.	4.	5.	NOMS FRANÇAIS.	NOMS LATINS.
					FEUILLES . . de Fumeterre . . .	FOLIA . . . . Fumariæ . . . . . .
					» . . de Jusquiame	» . . Hyosciami . . . .
					» . . d'Hysope	» . . Hyssopi . . . .
					» . . de Houblon	» . . Humuli L: . . . .
					» . . de Laitue	» . . Lactucæ . . . . .
					» . . de Laitue V: . . .	» . . Lactucæ V: . . .
					» . . de Laurier	» . . Lauri . . . . .
					» . . de Laurier C: . . .	» . . Lauri C: . . .
					» . . de Lierre	» . . Hederæ Hel: . . .
					» . . de Lierre T: . . .	» . . Glecomæ Hed: . .
					» . . de Livêche	» . . Ligust: Livist: .
					» . . de Malabatr: . . .	» . . Lauri Malab: . .
					» . . de Mandragore . . .	» . . Mandragoræ . . .
					» . . de Marjolaine . . .	» . . Majoranæ . . .
					» . . de Marrube . . .	» . . Marrubii . . .
					» . . de Matricaire . . .	» . . Matricariæ . . .
					» . . de Marum	» . . Mari . . . .
					» . . de Mauve	» . . Malvæ . . . .
					» . . de Mélilot	» . . Meliloti . . .
					» . . de Melisse	» . . Melissæ . . . .
					» . . de Menyanthe . . .	» . . Menianthes . . .
					» . . de Menthe C: . . .	» . . Menthæ C: . . .
					» . . de Menthe P: . . .	» . . Menthæ P: . . .
					» . . de Mercuriale . . .	» . . Mercurialis . . .
					» . . de Millepert: . . .	» . . Hyperici . . .
					» . . de Morelle	» . . Solani N: . . .
					» . . de Myrte	» . . Myrti Com: . . .
					» . . de Narc: des P: . .	» . . Ps: Narcissi . . .
					» . . de Nicotiane . . .	» . . Nicotianæ . . .
					» . . de Noyer	» . . Jugl: Reg: . . .
					» . . d'Oranger	» . . Aurantii . . . .
					» . . d'Oseille	» . . Acetosæ . . . .
					» . . de Pariétaire . . .	» . . Parietariæ . . .
					» . . de Pêcher	» . . Amygd: Pers: . .
					» . . de Pensée S: . . .	» . . Violar: Arv: . . .
					» . . de Pervenche . . .	» . . Vincæ . . . . .
					» . . de Pissenlit . . .	» . . Taraxaci . . . .
					» . . de Plantain . . .	» . . Plantaginis . . .
					» . . de Pouliot	» . . Pulegii . . .
					» . . de Pom: Ép: . . .	» . . Dat: Stramon: . .
					» . . de Pulmonaire . . .	» . . Pulmonariæ . . .
					» . . de Rhus R: . . .	» . . Rhus Tox: . . .
					» . . de Romarin . . .	» . . Romarini . . .
					» . . de Ronces . . .	» . . Rubi Fruct: . .
					» . . de Rue	» . . Rutæ . . . .
					» . . de Sabine	» . . Sabinæ . . . .
					» . . de Sanicle	» . . Saniculæ . . . .
					» . . de Sariette . . .	» . . Satureiæ . . . .
					» . . de Sauge	» . . Salviæ . . . .
					» . . de Scabieuse . . .	» . . Scabiosæ . . .
					» . . de Scolopend: . . .	» . . Scolopend: . . .
					» . . de Scordium . . .	» . . Scordii . . . .
					» . . de Séné	» . . C: Sennæ . . . .
					» . . de Seneçon . . .	» . . Senecionis . . .
					» . . de Stramonium . . .	» . . Stramonii . . .

1.	2.	3.	4.	5.	NOMS FRANÇAIS.	NOMS LATINS.
					FEUILLES.. de Serpolet.	FOLIA.... Thymi Serp:
					» ..de Thé.	» ..Theæ.
					» ..de Thym.	» ..Thymi V:.
					» ..d'Uva Ursi.	» ..Uvæ Ursi.
					» ..de Véronique	» ..Véronicæ.
					FLEURS...d'Arnica.	FLORES...Arnicæ.
					» ..de Bluet.	» ..Cyani.
					» ..de Bourrache	» ..Borraginis.
					» ..de Bouil: Bl:	» ..Verbasci T:
					» ..de Bugle	» ..Ajugæ Rep:
					» ..de Buglosse	» ..Anchusæ It:
					» ..de Caillelait	» ..Azari E:
					» ..de Camomil: V:	» ..Chamæmelli.
					» ..de Camomil: R:	» ..Anthem: Nob:
					» ..de P: Centaur:	» ..Eryth: Centaur:
					» ..de Girofles.	» ..Caryophyl:
					» ..de Grenadier	» ..Punicæ Gr:
					» ..de Guimauve	» ..Althææ.
					» ..de Lavande	» ..Lavandulæ.
					» ..de Houblon.	» ..Humuli L:
					» ..de Matricaire	◊ ..Matricariæ.
					» ..de Mélilot.	» ..Meliloti.
					» ..de Mauve.	» ..Malvæ.
					» ..de Myrte	» ..Myrti Com.
					» ..de Narc: des P:	» ..Ps: Narcissi.
					» ..de Nymphœa	» ..Nymphææ.
					» ..d'Oranger.	» ..Aurantii.
					» ..d'Ortie Bl:	» ..Urticæ D:.
					» ..de Pêcher.	» ..Amygd: Pers:.
					» ..de Pied de Ch:	» ..Gnaphal: D:
					» ..de Pivoine.	» ..Pæoniæ.
					» ..de Scabieuse.	» ..Scabiosæ..
					» ..de Semen C:..	» ..Artemis: Cont:
					» ..de Soufre.	» ..Sulfuris.
					» ..de Stœchas	» ..Stœchas.
					» ..de Sureau.	» ..Sambuci.
					» ..de Tilleul.	» ..Tiliæ.
					» ..de Tussilage.	» ..Tussilaginis
					» ..de Violettes.	» ..Violarum
					» ..de Zinc.	OXIDUM...Zincic: Ig: P:.
					» ..de Benjoin.	ACIDUM...Benzoic: S: P:
					» ..de Soufre L:	SULFUR...Sublim: et: Lot:.
					» ..Arg.: d'Antimoine.	OXIDUM...Stib: Igne P:
					» ..Mart: Ammoniac:.	CHLORURETUM Ferroso-Amm:
					FOIE.....de Soufre.	SULFURETUM. .Potassicum.
					» ..d'Antimoine.	OXIDUM...Stib: Semi-Vitr:.
					FARINES (*Amidolés*) Emollientes.	FARINÆ (*Amidolet:*) Emollientes
					» ..Résolutives	» ..Resolutivæ
					FARINE (*Amidolé*) de Riz	FARINA (*Amidolet:*) Oryzæ Sat:.
					» ..de Lin.	» ..Lini.
					» ..de Moutarde.	» ..Sinapis
					FERROCYANATE de Quinine	FERROCYANAS Quinicus.
					GRAINS (*Saccharol: S:*) de Cachou	TABELLÆ (*Saccharol: S:*) Cathecu
					GRAINS (*Saccharid: S:*) de Vie.	PILULÆ (*Saccharid: S:*) Antecib:

1.	2.	3.	4.	5.	NOMS FRANÇAIS.	NOMS LATINS.
					GRAINE... de Lin.	SEMEN... Lini.
					GRAINE... d'Ambrette	HIBISCUS.. Habelmosc:
					GAYAC.	GUAYACUM.
					GALBANUM.	GALBANUM.
					GALIPOT.	GALIPOT.
					GOMME ... Adraganthe	GUMMI.... Tragacanth:
					» ..Ammoniaq:	» ..Ammoniac:
					» ..Arabique..	» ..Arabicum.
					» ..Gutte.	» ..Gutta.
					» ..Kino	» ..Kino
					» ..du Sénégal	» ..Senegalense.
					GUY..... de Chêne.	VISCUM... Album
					GRUAU.	GRUTELLUM
					HYDROCHLORATE de Chaux	HYDROCHLOR: Calcicus.
					» ..de Potasse.	» ..Potassicus.
					» ..d'Ammoniaque.	» ..Ammonicus.
					HYDRIODATE de Potasse.	HYDRIODAS Potassicus.
					» ..de Fer	» ..Ferricus.
					HYDROCYANATE de Fer.	HYDROCYANAS Ferricus.
					HYDROSULFATE d'Antimoine.	HYDROSULFAS Stibicus.
					S:-HYDROSULF: de Soude.	S:-HYDROSULF: Sodicus.
					HYPOSULF: ...de Soude.	HYPOSULF: Sodicus.
					HUILE.... (*Oleolé*) d'Absinthe.	OLEUM (*Oleoletum*) Absinthii.
					» ..d'Amandes D:	» ..Amygd: D:
					» ..de Belladone.	» ..Belladonæ.
					» ..de Camomille	» ..Chamæmelli.
					» ..de Ben.	» ..Moringæ.
					» ..d'Aspic.	» ..Lavand: Sp:
					» ..de Cantharid:	» ..Cantharid:
					» ..Camphrée.	» ..Camphorat:
					» ..de Ciguë	» ..Cicutæ
					» ..de Croton.	» ..Crot: Tiglii
					» ..d'Épurge	» ..E: Lathyris
					» ..de Fénugrec.	» ..Fœni Græci.
					» ..d'Hypéricum.	» ..Hyperici.
					» ..de Jusquiame.	» ..Hyosciami.
					» ..de Laurier.	» ..Lauri.
					» ..de Lin	» ..Lini.
					» ..de Mandragore	» ..Mandragoræ.
					» ..de Mélilot.	» ..Meliloti
					» ..de Muscades.	» ..Moschatæ.
					» ..de Morelle.	» ..Solani N:
					» ..de Noisettes.	» ..Avellanæ.
					» ..de Nicotiane.	» ..Nicotianæ.
					» ..de Noix.	» ..Nucis.
					» ..d'OEufs.	» ..Ovorum.
					» ..de Ricin.	» ..Ricini.
					» ..Rosat.	» ..Rosatum
					» ..de Rue	» ..Rutæ.
					» ..de S: Froides.	» ..Sem:-Frigid.
					» ..de Stramon:	» ..Stramonii.
					» ..de Sureau.	» ..Sambuci.
					HUILE VOL: (*Oléolat*) d'Anis.	OLEUM (*Oleolatum*) Anisi.
					» ..d'Absinthe.	» ..Absinthii

1.	2.	3.	4.	5.	NOMS FRANÇAIS.	NOMS LATINS.
..	..	..	..	..	HUILE VOL: (*Oléolat*)d'Amand: A:	OLEUM (*Oleolatum*) Amygd: Am:
..	..	..	..	..	» .. de Basilic	» .. Basilici . . . . .
..	..	..	..	..	» .. de Bergamot:	» .. Bergamiæ. . . . .
..	..	..	..	..	» .. de Bigarades.	» .. Bigaradiæ. . . . .
..	..	..	..	..	» .. de B: de Rhodes. . .	» .. Ligni Rhod: . . .
..	..	..	..	..	» .. de Camomille	» .. Chamæmelli. . . .
..	..	..	..	..	» .. de Canelle.	» .. Cinnamomi. . . .
..	..	..	..	..	» .. de Cédrats	» .. Citri Med: . . .
..	..	..	..	..	» .. de Citrons	» .. Limoni. . . . .
..	..	..	..	..	» .. de Fenouil.	» .. Fœniculi. . . .
..	..	..	..	..	» .. de Genièvre.	» .. Juniperi. . . .
..	..	..	..	..	» .. de Girofles.	» .. Caryophyl: . . . .
..	..	..	..	..	» .. de Laurier C:	» .. Lauri C: . . . .
..	..	..	..	..	» .. de Menthe.	» .. Menthæ. . . . .
..	..	..	..	..	» .. de Moutarde.	» .. Sinapis.. . . . .
..	..	..	..	..	» .. d'Oranges.	» .. Aurantii. . . . .
..	..	..	..	..	» .. de Fl: d'Orang: . . .	» .. Fl: Aurantii. . .
..	..	..	..	..	» .. de Romarin.	» .. Rosmarini. . . .
..	..	..	..	..	» .. de Roses.	» .. Rosarum . . . .
..	..	..	..	..	» .. de Rue	» .. Rutæ. . . . . .
..	..	..	..	..	» .. de Sassafras	» .. Sassafras. . . .
..	..	..	..	..	» .. de Sauge.	» .. Salviæ. . . . .
..	..	..	..	..	» .. de Tanaisie.. . . .	» .. Tanaceti. . . .
..	..	..	..	..	» .. de Thym	» .. Thymi . . . . .
..	..	..	..	..	» .. de Corne de Cerf. .	» .. Cornu C: . . . .
..	..	..	..	..	» .. de Succin.	» .. Succini . . . . .
..	..	..	..	..	ICHTHYOCOLLE.	ICHTHYOCOLLA. . . . . . .
..	..	..	..	..	IRIS. . . . . de Florence. . . .	IRIS. . . . . Florentina. . . .
..	..	..	..	..	IODE.	IODUM. . . . .
..	..	..	..	..	IODURE . . . de Fer	IODURETUM Ferricum. . . . .
..	..	..	..	..	» .. de Plomb.	» .. Plumbicum . . .
..	..	..	..	..	» .. de Potassium	» .. Potassii . . . .
..	..	..	..	..	» .. de Soufre.	» .. Sulfuricum. . . .
..	..	..	..	..	» .. de Mercure	» .. Hydrargyricum . . .
..	..	..	..	..	PROTO–IODURE de Mercure. . .	PROTO–IODURET: Hydrargyric: .
..	..	..	..	..	DEUTO–IODURE de Mercure. . .	DEUTO–IODURET: Hydrargyric:
..	..	..	..	..	KERMÈS . . . Animal.	COCUS. . . . Illicis. . . . . .
..	..	..	..	..	» .. Minéral.	KERMÈS .. Minerale. . . . . .
..	..	..	..	..	LAUDANUM (*Œnolé*)de Rousseau.	LAUDANUM (*Œnolet:*) Rousseau .
..	..	..	..	..	» .. de Sydenham . . .	» .. Syndenhami. . . .
..	..	..	..	..	LITHARGE	LITHARGYRUM.. . . . . . .
..	..	..	..	..	LABDANUM.	LABDANUM. . . . .
..	..	..	..	..	LIQUEUR .. d'Hoffmann	ÆTHER . . . Sulfur: Alc: .. . .
..	..	..	..	..	» .. de Labarraque. . . .	HYPOCHLORIS Sodic: Aq: Sol:..
..	..	..	..	..	» .. de Fowler	ARSENIS .. Potassicus. . . . .
..	..	..	..	..	» .. de Van–Swiet: . . .	CHLORURETUM Hydrarg: Aq: S:.
..	..	..	..	..	LYCOPODE.	LYCOPODIUM. . . . .
..	..	..	..	..	LESSIVE. . . des Savoniers . . .	OXIDUM Sodic: Aq: Sol: . . .
..	..	..	..	..	LIMAILLE.. de Fer	LIMATURA Ferri . . . . . .
..	..	..	..	..	» .. d'Acier	» .. Ferri Repurg: . . .
..	..	..	..	..	MAGISTÈRE de Bismuth. . . .	S:–NITRAS. Bismuthi. . . . .

1.	2.	3.	4.	5.	NOMS FRANÇAIS.	NOMS LATINS.
					MAGISTÈRE de Soufre	SULFUR Præcipitat:
					MACIS	MYRISTICA Moschata.
					MASTIC	MASTICHE
					MERCURE	HYDRARGYRUM
					MOUSSE…de Corse	FUCUS…Helminthoc:
					MUSC	MOSCHUS
					MOUTARDE.Noire	SINAPIS…Nigra.
					» …Blanche	» …Alba
					MYRRHE	MYRRHA
					» …en Larmes	» …Lacrymata
					MANNE…en Larmes	MANNA…Lacrymata.
					MAGNÉSIE.Calcinée	MAGNESIA. Usta
					» …Décarbonatée	» …Decarbonata.
					MERCURE..Doux	CHLORURETUM Hydrarg: Subl:
					» …à la Vapeur	» …Hydrarg: ad: V:
					MIEL (*Mélolé*) Colchique	MEL (*Meloletum*) Colchicum
					» …Mercurial	» …Mercuriale
					» …Rosat	» …Rosatum
					» …Scillitique	» …Scilliticum
					MURIATE..d'Ammoniaq:	MURIAS…Ammonicus.
					» …de Baryte.	» …Baryticus.
					» …de Chaux	» …Calcicus
					» …de Fer Am:	» …Ferricus Am:
					» …de Potasse	» …Potassicus
					» …d'Or	» …Auricus.
					» …de Zinc	» …Zincicus
					MIXTURE..Cathérétiq:	MIXTURA..Cathæretica.
					NÉROLI	OLEUM (*Oleolat:*) Fl; Aurant:
					NITRATE..d'Argent	NITRAS…Argenticus
					» …d'Argent F:	» …Argentic: F:
					» …de Potasse	» …Potassicus.
					» …de Potasse F:	» …Potassicus F:
					S:-NITRATE de Bismuth	S:-NITRAS. Bismuthicus.
					NOIX…de Galles	QUERCUS: Infectoria.
					» …Vomiques	STRYCHNOS Nux Vomica
					» …Vomiq: Rap:	RASURA…Str: Nuc: V:
					» …Muscades	NUCES…Moschatæ.
					OS…de Sèche	OSSA…Sepiæ.
					OLIBAN	OLIBANUM.
					OPIUM	OPIUM.
					OPOPANAX.	OPOPANAX.
					ORGE…Mondé	HORDEUM..Mundatum
					» …Perlé	» …Perlatum
					OPIAT…Dentifrice	OPIATA…Dentifrica.
					» …Fébrifuge	» …Febrifuga.
					» …de Rousseau	» …Rousseau
					OXIDE…d'Antimoine	OXIDUM…Stibicum
					» …de Fer	» …Ferricum.
					» …de Fer N:	» …Ferricum N:
					» …de Fer R:	» …Ferricum R:
					» …de Fer H:	» …Ferric: Aq: P:
					» …de Mercure	» …Hydrargyric:
					» …de Mercure N:	» …Hydrarg: N:

1.	2.	3.	4.	5.	NOMS FRANÇAIS.	NOMS LATINS.
					OXIDE....de Plomb.	OXIDUM...Plumbicum
					» ..de Mercure R:	.. » ..Hydrarg: R:
					.. » ..de Zinc.	.. » ..Zincicum.
					.. » ..de Plomb. R:.	.. » ..Plumbic: R:
					... » ..de Magnésie	.. » ..Magnesic:
					PEROXIDE.de Fer.	PEROXIDUM Ferricum
					.. » ..de Manganèse.	.. » ..Manganesic:
					PROTOXIDE de Mercure	PROTOXIDUM Hydrargyric:
					DEUTOXIDE.de Mercure.	DEUTOXIDUM Hydrargyric:
					PROTOXIDE de Plomb:.	PROTOXIDUM Plumbicum:
					DEUTOXIDE de Plomb:.	DEUTOXIDE Plumbicum
					OXIMEL...Simple	OXIMEL...Simplex.
					... » ..Scillitique.	.. » ..Scilliticum
					ONGUENT (*Stéarolé*) Egyptiac .	UNGUENT: (*Stearolet:*)Ægyptiac:
					... » ..d'Arcæus.	» ..Arcæi
					.. » ..d'Althéa.	» ..Althææ.
					.. » ..Basilicum.	.. » ..Basilicum.
					.. » ..de Razis .	.. » ..Albi Rhaz:
					.. » ..Brun.	». ..Fuscum
					..' » ..de Canet	.. » ..C: Oxido Fer:
					.. » ..Citrin.	» ..C: Nit: Hydr:.
					.. » ..Gris	» ..Hydrargyr: S:
					.. » ..de Laurier	» ..Lauri.
					.. » ..de la Mère	.. » ..Matris
					.. » ..Mercuriel.	» ..Hydrargyros:
					» ..Napolitain.	» ..Hydrargyros:
					» ..Nitrique	» ..Nitricum
					.. » ..Nutritum.	.. » ..Nutritum.
					.. » ..Populeum.	» ..Populeum.
					» ..Rosat.	» ..Rosatum
					.. » ..Styrax	.. » ..Styrax
					... » ..de Tuthie.	.. » ..Tuthiæ.
					POLYPODE.	POLYPODIUM.
					PIMENT.	CAPSICUM.Annuum.
					PIERRE....Divine	LAPIS.....Divinus.
					.. » ..Ponce	.. » ..Pumex.
					.. » ..Infernale.	NITRAS ...Argentic: Fus:
					.. » ..Calaminaire.	LAPIS ....Calaminaris.
					PIGNONS..d'Inde	JATROPHA. Curcas
					» ..Doux.	PINEOLI.
					PATE (*Saccharolé M:*) de Guim:	MASSA (*Saccharol: M:*) Althææ.
					.. » ..de Jujubes	.. » ..Ziziphi
					.. • ..de Lichen	» ..Lichenis
					.. » ..de Gomme	.. » ..Gummi.
					.. » ..de Réglisse	.. » ..Glycyrrhizæ
					POTÉE....d'Etain.	OXIDUM ..Stannicum.
					.. » ..d'Emeri	AMYRIS...Impurum.
					POTASSE ..à l'Alcool.	HYDRAS...Potassicus.
					.. » ..à la Chaux	LAPIS C:..Cum Calce
					.. » ..Pure.	HYDRAS...Potassicus.
					..» ..Perlasse	POTASSA ..Perlassa.
					PRÉCIPITÉ.Blanc.	CHLORURETUM Hydrarg: Præc:
					» ..Rouge	OXIDUM ...Hydrargyr: R:
					PRUSSIATE.de Potasse	PRUSSIAS..Potassicus.

1.	2.	3.	4.	5.	NOMS FRANÇAIS.	NOMS LATINS.
..	..	..	..	..	PRUSSIATE. de Fer	PRUSSIAS. . Ferricus. . . . . . .
..	..	..	..	..	.. » . . de Mercure.	.. » . . Hydrargyric. . . . .
..	..	..	..	..	.. » . . de Quinine	.. » . . Quinicus . . . . .
..	..	..	..	..	PHOSPHATE de Chaux.	PHOSPHAS. Calcicus. . . . . .
..	..	..	..	..	.. » . . de Soude.	.. » . . Sodicus. . . . . .
..	..	..	..	..	PETROLE.	PETROLUM. . . . .
..	..	..	..	..	PLOMB.	PLUMBUM. . . . .
..	..	..	..	..	POIVRE . . . à queue.	PIPER . . . . Cubeba. . . . . .
..	..	..	..	..	.. » . . Noir	.. » . . Nigrum. . . . . .
..	..	..	..	..	.. » . . Blanc.	.. » . . Album . . . . . .
..	..	..	..	..	.. » . . Long.	.. » . . Lungum . . . . .
..	..	..	..	..	.. » . . Cubèbes	.. » . . Cubeba. . . . .
..	..	..	..	..	POIX . . . . de Bourgogne. . . .	PIX . . . . Burgundina. . . . .
..	..	..	..	..	.. » . . Blanche. . . . . . •	.. » . . Alba. . . . . .
..	..	..	..	..	PASTILLES (*Saccharol: S:*) de Vichy	PASTILLI (*Saccharol: S:*) Vichy .
..	..	..	..	..	.. » . . de d'Arcet	.. » . . d'Arcet. . . . . .
..	..	..	..	..	.. » . . de Citrons	.. » . . Limoni. . . . .
..	..	..	..	..	.. » . . de Fl: d'Orang:. . .	.. » . . Fl: Aurant:. . . .
..	..	..	..	..	.. » . . de Menthe	.. » . . Menthæ. . . . .
..	..	..	..	..	.. » . . de Roses	.. » . . Rosarum . . . . .
..	..	..	..	..	.. » . . Vermifuges	.. » . . Vermifugi. . . . . .
..	..	..	..	..	.. » . . Pour la soif.	.. » . . Ad Sitim.. . . . . .
..	..	..	..	..	PILULES (*Saccharid: S:*) de Savon	PILULÆ (*Saccharid: S:*) Saponis.
..	..	..	..	..	.. » . . d'Anderson	.. » . . Andersonis. . . . . .
..	..	..	..	..	.. » . . Antecibum	.. » . . Antecibum.. . . . . .
..	..	..	..	..	.. » . . Arsénicales	.. » . . C: Acido Ars:. . . .
..	..	..	..	..	.. » . . Asiatiques.	.. » . . C: Acido Ars:. . . .
..	..	..	..	..	.. » . . de Bacher	.. » . . T: Bacher. . . . . .
..	..	..	..	..	.. » . . de Bontius	.. » . . Bontii. . . . . .
..	..	..	..	..	.. » . . B: de Morton . . .	.. » . . B: Morton . . .
..	..	..	..	..	.. » . . de Cynoglosse. . . .	.. » . . Cynoglossi. . . . .
..	..	..	..	..	.. » . . Écossaises.	.. » . . Andersonis . . . . .
..	..	..	..	..	.. » . . Gourmandes	.. » . . Antecibum.. . . .
..	..	..	..	..	.. » . . Hydragogues	.. » . . Hydragogæ . . . .
..	..	..	..	..	.. » . . de Méglin.	.. » . . Meglin . . . . .
..	..	..	..	..	.. » . . Mercurielles.	.. » . . Hydrargyrosæ. . . .
..	..	..	..	..	.. » . . de Térébenth: . . .	.. » . . Therebenth: . . . .
..	..	..	..	..	POUDRE (*Pulvérolé*) d'Ac: de Cuiv:	PULVIS (*Pulverolet:*) Ac: Cupric:
..	..	..	..	..	.. » . . d'Ac: de Plomb. . .	.. » . . Ac: Plumbic:. . . .
..	..	..	..	..	.. » . . d'Ache.	.. » . . Apii Grav: . . . .
..	..	..	..	..	.. » . . d'Ac: Citrique . . .	.. » . . Ac: Citric: . . . .
..	..	..	..	..	.. » . . d'Ac: Tartriq: . . .	.. » . . Ac: Tartric: . . . .
..	..	..	..	..	.. » . . d'Aconit	.. » . . Aconiti . . . . . .
..	..	..	..	..	.. » . . d'Acorus	.. » . . Acori. . . . . .
..	..	..	..	..	.. » . . d'Agaric	.. » . . Agarici. . . . .
..	..	..	..	..	.. » . . d'Algoroth	OXICHLORUR: Stibicum. . . . .
..	..	..	..	..	.. » . . d'Aloës.	PULVIS. . . . Aloës. . . . . .
..	..	..	..	..	.. » . . d'Alun	.. » . . Aluminis . . . . .
..	..	..	..	..	.. » . . d'Amome.	.. » . . Amomi. . . . .
..	..	..	..	..	.. » . . d'Ammi.	.. » . . Ammi. . . . .
..	..	..	..	..	.. » . . d'Angélique.	.. » . . Angel: Arch: . . .
..	..	..	..	..	.. » . . d'Angusture . . .	.. » . . Angusturæ.. . . .
..	..	..	..	..	.. » . . d'Anis	.. » . . Anisi . . . . .
..	..	..	..	..	.. » . . Antimoniale	.. » . . C: Stibico C: . . . .
..	..	..	..	..	.. » . . d'Aristoloche	.. » . . Aristolochiæ . . . .

1.	2.	3.	4.	5.	NOMS FRANÇAIS.	NOMS LATINS.
					POUDRE (*Pulvérolé*) d'Arum ...	PULVIS (*Pulverolet:*) Ari. ....
					» ..de Fl: d'Arnica . . .	» ..Fl: Arnicæ . . . . .
					» ..de R: d'Arnica.. . . .	» ..R: Arnicæ. . . . . .
					» ..d'Argiles	» ..Boli Orient:. . . . .
					» ..Ars: du F: C:. . . .	» ..Escharot: Ars: . . . .
					» ..de Rousselot.	» ..Escharot: Ars: . . . .
					» ..d'Arrête de Bœuf . .	» ..Ononis Sp: . . . . .
					» ..d'Asarum.	» ..Asari . . . .
					» ..d'Assa-Fœtida. . . .	» ..Asæ Fœtidæ. . . . .
					» ..d'Asclepias..	» ..Asclep: Vinc: . . . .
					» ..d'Aunée.	» ..Inulæ Hel: . . . . .
					» ..de Bardane.	» ..Arctii Lap: . . . . .
					» ..de B: de Tola . . .	» ..Bals: Toluif: . , . .
					» ..de Belladone	» ..Belladonæ . . . . .
					» ..de Benjoin	» ..Benzoës. . . . . . .
					» ..de Bicarb: de S:. . .	» ..Bicarb: Sod: . . . .
					» ..de B: d'Aloës. . . .	» ..Lig: Aloës. . . . . .
					» ..de B: de Santal C:.	» ..L: Santali Al:. . . .
					» ..de B: de Santal R:.	» ..L: Pter: Santal:. . .
					» ..de Bol d'Arm: . . .	» ..Boli Arm: . . . . .
					» ..de Bryone	» ..Bryoniæ . . . . .
					» ..de Cachou	» ..Cathechu. . . . . .
					» ..de Caille-Lait. . .	» ..Galii V: . . . . .
					» ..de Camomille. . . .	» ..Chamœmelli . . , .
					» ..de Camphre	» ..Camphoræ. . . . .
					» ..de Cannelle.	» ..Cinnamomi. . . . .
					» ..de Cannel: Bl: . . .	» ..Cinnam: Alb: . . .
					» ..de Cantharid:. . . .	» ..Cantharid: . . . . .
					» ..de C: de Pavôt . . .	» ..C: Papaver:. . . . .
					» ..de Carb: de Ch:. . .	» ..Carb: Calcic: . . . .
					» ..de Cardamome . . .	» ..Cardamomi. . . . .
					» ..de Cascarille	» ..Cascarillæ. . . . .
					» ..de Castoréum. . . .	» ..Castorei . . . . .
					» ..de P: Centaurée , .	» ..Eryth: Centaur: . .
					» ..de Céruse	» ..Carb: Plumbic: . .
					» ..de Cevadille.	» ..Sabadillæ. . . . .
					» ..de Charbon.	» ..Carbonis. . . . .
					» ..de Chaux.	» ..Calcis. . , . . .
					» ..de Ciguë.	» ..Cicutæ. . . . . .
					» ..de Cloportes	» ..Onisci Asel: . . . .
					» ..de Cochenille	» ..Coccinellæ . . . .
					» ..de Colophone. . . .	» ..Colophoniæ. . . . .
					» ..de Colombo.	» ..Cocculi P: . . . .
					» ..de Coloquinte. . . .	» ..Colocynthid: . . . .
					» ..de Contrayerya . . .	» ..Contrayervæ . . . .
					» ..de Corail R:	» ..Isidis Nob:. . . . .
					» ..de Cornachine . . .	» ..Cornachinæ . . . .
					» ..de C: de Tart: . . .	» ..Bi-Tart: Pot: . . .
					» ..de C: de Tart: S:. .	» ..Tart: Borico-P:. . . .
					» ..de Cubèbes	» ..Cubebar:. . . . . .
					» ..de Curcuma	» ..Curcumæ . . . . .
					» ..Dentifrice.	» ..Dentifricus. . . . .
					» ..de D: de Crète. . ,	» ..Orig: Dictam:. . . .
					» ..de Digitale	» ..Digitalis. . . . . .
					» ..de Dower.	» ..Doweri . . . . . .

1.	2.	3.	4.	5.	NOMS FRANÇAIS.	NOMS LATINS.
					POUDRE (*Pulvérolé*) d'Iris. . .	PULVIS (*Pulverolet:*) Iridis . . .
					» ..Diurétique	» ..Diureticus . . . . . .
					» ..d'Éc: de Chêne. . .	» ..Cort: Quercûs . . . .
					» ..d'Éc: de Garou. . .	» ..Cort: Daph: G: . . .
					» ..d'Éc: d'Orme. . . .	» ..Cort: Ulmi. . . . . .
					» ..d'Éc: de Sureau. . .	» ..Cort: Sambuci . . . .
					» ..d'Ellébore N: . . .	» ..Veratri Albi. . . . .
					» ..d'Ellébore Bl: . . .	» ..Hellebori N: . . . .
					» ..d'Émétique.	» ..Tart: Stib: P: . . .
					» ..Escar: Ars:	» ..Eschar: Ars: . . . .
					» ..d'Etain.	» ..Stanni . . . . . .
					» ..d'Euphorbe.	» ..Euphorbii . . . . .
					» ..de Fougère M: . . .	» ..Filicis M:. . . . .
					» ..de Gayac. . , . . .	» ..Guayaci . . . . . .
					» ..de Galbanum. . . .	» ..Galbani . . . . .
					» ..de Galanga.	» ..Galangæ . . . . . .
					» ..de Gentiane	» ..Gentianæ. . . . .
					» ..de Gingembre. . . .	» ..Zinziberis . . . . .
					» ..de Gom: Adr: . . .	» ..Gum: Tragac: . . .
					» ..de Gom: Am: . . .	» ..Gum: Am: . . . .
					» ..de Gom: Arab: . . .	» ..Gum: Arab: . . . .
					» ..de Gom: Gut: . . .	» ..Gum: Guttæ . . . .
					» ..de Guimauve	» ..Althææ. . . . . .
					» ..d'Epéca.	» ..Ipecacuanh: . . . .
					» ..de Jalap	» ..Jalapæ . . . . . .
					» ..de James.	» ..C: Stibico C: . . . .
					» ..de Jusquiame. . . .	» ..Hyosciami . . . . .
					» ..de Kermès.	» ..Kermetis. . . . . .
					» ..de Kino	» ..Kino. . . . . .
					» ..de Leayson.	COLLYRIUM S: Ammoniac: . . .
					» ..de Lichen	PULVIS...Lichenis . . . . .
					» ..de Litharge.	» ..Lithargyri. . . . . .
					» ..de Magnésie. . . .	PULVIS...Magnesicus. . . . .
					» ..de Mercure D: . . .	» ..Chlor: Hydr: . . . .
					» ..de Millepert: . . .	» ..Hyper: Perf: . . .
					» ..de M: de Corse . . .	» ..Fuc: Helmint: . . .
					» ..de Moutarde	» ..Sinapis . . . . . .
					» ..de Musc	» ..Moschi. . . . . .
					» ..de Nitr: de Pot:. . .	» ..Nitr: Potassic: . . .
					» ..d'Oliban	» ..Olibani. . . . . .
					» ..d'Opium..	» ..Opii . . . . . .
					» ..d'Opopanax.	» ..Opopanax. . . . . .
					» ..de Fl: d'Orang: . . .	» ..Fl: Aurant . . . . .
					» ..d'Os de Sèche. . . .	» ..Ossæ Sepiæ . . . .
					» ..de Pareira B:. . . .	» ..Pareira Br: . . . . .
					» ..de Patience.	» ..Patientiæ. . . . . .
					» ..de Perox: de Mang:	» ..Perox: Mang:. . .
					» ..de Pivoine	» ..Pæoniæ. . . . . .
					» ..de Poivre Bl:	» ..Piper: Albi . . . . .
					» ..de Poivre C:	» ..Piper: Cub: . . . .
					» ..de Poivre L:	» ..Piper: Long: . . .
					» ..de Poivre G:	» ..Piper: Nig: . . . .
					» ..pour Embaum: . . .	» ..ad Cond: Cadav: . .
					» ..de Pyrèthre.	» ..Pyrethri . . . . .
					» ..de Quassia Am:. . .	» ..Quassiæ Am:. . . .

1.	2.	3.	4.	5.	NOMS FRANÇAIS.	NOMS LATINS.
					POUDRE (*Pulvérolé*) de Rhubarbe	PULVIS (*Pulverolet:*) Rhei....
					» ..de Réglisse.....	.. » ..Glycyrrhizæ.....
					» ..de R: de Gayac ...	.. » ..Res: Guayaci.....
					» ...de R: de Jalap....	LAPIS » ..Res: Jalapæ.....
					» ..de R: de Mastic....	.. v ..R: Mastiche.....
					» ..de R: de Sang: Dr:..	» ..R: Sang: Drac:..
					» ..de Riz.......	» ..Oryzæ Sat:.....
					» ..de Roses R:.....	» ..Rosar: Rub:..
					» ..de Sabine.....	» ..Sabinæ......
					» ..de Safran......	» ..Croci Sat:.....
					» ..de Salep......	.. » ..Orchidis M:....
					» ..de Salsepareille...	.. » ..Sarsaparillæ.....
					» ..de Sassafras....	» ..Sassafras.....
					» ..de Scille.....	» ..Scillæ......
					» ..de Semen C:.....	.. » ..Artem: Cont:...
					» ..de Séné.......	» ..C: Sennæ......
					» ..de Serpentaire....	» ..Serpentariæ.....
					» ..de Seigle Erg:....	» ..Sclerotii Cl:....
					» ..de Simarouba....	» ..Simarubæ......
					» ..de Stramonium....	» ..Stramonii......
					» ..de Sublimé C:....	» ..Chlor: Hydrarg:..
					» ..de Sulf: de Fer....	» ..Sulf: Ferric:....
					» ..de Sulf: de Pot:....	» ..Sulf: Potassic:....
					» ..de Sulf: de Zinc....	» ..Sulf: Zincic:....
					» ..de Sulf: d'Ant:....	» ..Sulf: Stibic:....
					» ..de Suroxal: de P:..	» ..Suroxal: Pot:....
					» ..T: de Stahl.....	.. » ..T: Sthalii.....
					» ..de Thé:......	» ..Thææ.......
					» ..de Tormentille....	.. » ..Tormentillæ.....
					» ..de Tribus......	.. » ..de Tribus.....
					» ..d'Uva Ursi......	.. » ..Uvæ Ursi.....
					» ..de Valériane.....	» ..Valerianæ.....
					» ..de Vanille.....	» ..Vanillæ......
					» ..de Verdet......	.. » ..Acet: Cupr: C:....
					» ..Vermifuge.....	.. » ..Vermifugus:....
					» ..de Vienne......	LAPIS C:..Cum Calce.....
					» ..de Violettes....	PULVIS...Violarum.....
					» ..de Winter......	.. » ..Winteri......
					» ..de Zédoaire.....	... » ..Zedoariæ......
					REGULE...d'Antimoine.....	REGULUS..Stibii......
					RÉSINE....de Gayac.....	RESINA....Guayaci......
					» ..de Jalap.......	.. » ..Jalapæ......
					» ..de Kina......	.. » ..Kinæ.......
					» ..de Scammon:....	.. » ..Scammonii.....
					» ..de Turbith.....	.. » ..Turpethi......
					» ..Élemi.......	.. » ..Elemi.......
					KINA.....Gris......	CINCHONA.Condaminea.....
					» ..Jaune......	.. » ..Cordifolia......
					» ..Rouge......	.. » ..Oblongifolia.....
					ROSES....Pâles........	ROSÆ....Centifoliæ......
					» ..Rouges......	» ..Rubræ.....
					» ..de Provins......	» ..Rubræ.....
					RAISINS...de Corinthe.....	UVÆ......Corinthi......
					RHUBARBE.de Chine......	RHEUM....Palmatum......

1.	2.	3.	4.	5.	NOMS FRANÇAIS.	NOMS LATINS.
					RHUBARBE. de France.	RHEUM... Gallicum.
					» ..de Moscovie.	» ...Undulatum.
					RACINE (RACINES) d'Ache	RADIX (RADICES) Apii Grav:
					» ..d'Aconit.	» ...Aconiti.
					» ..d'Acore V:	» ...Acori V:
					» ..d'Arrête-B:	» ...Ononis Sp:
					» ..d'Arum.	» ...Ari.
					» ..d'Asarum.	» ...Asari.
					» ..d'Asperges.	» ...Asparaginis.
					» ..d'Aunée.	» ...Inulæ Hel:
					» ..de Bardane.	» ...Arctii Lap:
					» ..de Bistorte	» ...Bistortæ
					» ..de Belladone	» ...Belladonæ
					» ..de Bryone	» ...Bryoniæ.
					» ..de Cabaret	» ...Azari E:
					» ..de Cainça.	» ...Caincæ.
					» ..de Canne.	» ...Arund: Don:
					» ..de Carotte	» ...Dauci Car:
					» ..de Chardon R:	» ...Eryngii C:
					» ..de Chiendent	» ...Tritici Rep:
					» ..de Chicorée S:	» ...Cichorii.
					» ..de Colombo.	» ...Cocculi P:
					» ..de Consoude	» ...Symphiti.
					» ..de Costus ar:	» ...Costi Arab:
					» ..de Curcuma	» ...Curcumæ.
					» ..de Dompte-V:	» ...Asclep: Vinc:
					» ..de Douce-Am:	» ...Dulcamaræ.
					» ..d'Ellébore Bl:	» ...Veratri Albi.
					» ..d'Ellébore N:	» ...Hellebori N:
					» ..de Fenouil	» ...Fœniculi
					» ..de Fougère M:	» ...Filicis M:
					» ..de Fraisier	» ...Fragariæ
					» ..de Galanga	» ...Galangæ
					» ..de Garance.	» ...Rubiæ T:
					» ..de Gentiane.	» ...Gentianæ.
					» ..de Grenadier	» ...Punicæ Gr:
					» ..de Guimauve	» ...Althææ.
					» ..d'Impératoire.	» ...Imperator:
					» ..d'Iris.	» ...Iridis.
					» ..d'Iris de Fl:	» ...Iridis Flor:
					» ..de Jalap	» ...Jalapæ
					» ..de Livèche	» ...Lig: Livist:
					» ..de Méum.	» ...Mei.
					» ..de Nard: C:	» ...Valer: Celt:
					» ..de Nard: I:	» ...Valer: Jatam:
					» ..de Navet	» ...Brass: Napi:
					» ..de Nymphæa	» ...Nymphææ
					» ..de Pareira B:	» ...Pareiræ Br:
					» ..de Patience.	» ...Patientiæ
					» ..de Persil	» ...Apii Petr:
					» ..de Petit-Houx.	» ...Rusci Acul:
					» ..de Pivoine	» ...Pæoniæ.
					» ..de Polygala.	» ...Polygalæ
					» ..Polypode	» ...Polypodii
					» ..de Pyrèthre.	» ...Pyrethri

1.	2.	3.	4.	5.	NOMS FRANÇAIS.	NOMS LATINS.
					RACINE (RACINES) de Quintefeuil:	RADIX (RADICES) Potentil: R:.
					» ..de Raifort	» ..Cochlear: ar:
					» ..de Ratanhia	» ..Kramer: Ix:
					» ..de Réglisse	» ..Glycyrrhizæ
					» ..de Rhapontic	» ..Rhei Rhap:.
					» ..de Rhubarbe	» ..Rhei
					» ..de Salsepareille	» ..Sarsaparillæ
					» ..de.Saponaire	» ..Saponariæ
					» ..de Sassafras	» ..Sassafras
					» ..de Schœnanthe	» ..Schœnanthi
					» ..de Serpentaire	» ..Serpentariæ
					» ..de Spicanard	» ..Valer: Jatam:
					» ..de Squine	» ..Squinæ
					» ..de Sureau	» ..Sambuci
					» ..de Tormentille	» ..Tormentillæ
					» ..de Turbith	» ..C: Turpethi
					» ..de Valériane	» ..Valerianæ
					» ..de Zédoaire	» ..Zedoariæ
					SAFRAN ...de Mars Ap:	OXID: FERRIC: Aquâ M: P:.
					SAFRAN ...de Mars Ast:	OXIDUM...Ferricum
					SAFRAN	CROCUS...Sativus
					SAFRAN ...des Métaux	CROCUS...Metallorum
					SALICINE	SALICINA
					SAVON ....Amygdalin	SAPO.....Amygdalinus
					» ..Médicinal	» ..Amygdalinus
					» ..Animal	» ..Animalis
					» ..de Starkey	» ..C: Oleo Tereb:
					SEL.....de Glauber	SULFAS...Sodicus
					» ..Marin	MURIAS...Sodicus
					» ..de Prunelle	NITRAS...Potassic: Fus:.
					» ..de Seignette	TARTRAS..Pot: et Sod:.
					» ..Végétal	» ..Potassicus
					» ..d'Epsom	SULFAS...Magnesicus
					» ..de Sedlitz	» ..Magnesicus
					» ..de Nitre	NITRAS...Potassicus
					» ..Ammoniac	MURIAS...Ammonicus
					» ..de Saturne	ACETAS...Plumbic: Cr:
					» ..de Lait	SAL.....Lactis
					» ..de Tartre	S:–CARBONAS Potassicus
					» ..d'Oseille	OXALAS AC: Potassicus
					SQUAMMES.de Scille	SQUAMMÆ. Scillæ
					SAGAPENUM	SAGAPENUM
					SAGOU	SAGU
					SALEP	ORCHIS...Mascula
					SANDARAQUE	JUNIPERUS Lycia
					SANDRAGON	PTEROCARPUS Draco
					SCAMMONÉE d'Alep:	CONVOLVULUS Scammonia
					SEMEN CONTRA d'Alep	ARTEMISIA Alepensis
					SEMEN CONTRA	» ...Contra
					SEMEN CONTRA Couvert	ARTEMIS:C: Obvoluta
					STORAX	STORAX
					» ..Calamite	» ..Calamites
					» ..en Grain	» ..Granatum
					STYRAX	STYRAX

1.	2.	3.	4.	5.	NOMS FRANÇAIS.	NOMS LATINS.
					SUCCIN	SUCCINUM
					SOUDE....d'Alicanthe	SODA.....Alicantina.
					SODA-WATER.	SODA-WATER.
					SOUFRE.	SULFUR.
					» ..Lavé	SULFUR...Lotum
					» ..Sublimé.	» ..Sublimatum.
					» ..Précipité..	» ..Præcipitatum.
					» ..Doré d'Antimoine.	» ..Aurat Stibii.
					SPARADRAP.	SPARADRAP.
					SUBLIMÉ ..Corrosif.	DEUTO-CHLOR: Hydrargyric:
					SULFATE ..d'Alum: et Pot:.	SULFAS ...Alumino-Pot:.
					» ..d'Alum: et Pot: S:	» ..Alumino-Pot: S:
					» ..de Cuivre.	» ..Cupricus
					» ..de Fer	» ..Ferricus.
					» ..de Mercure.	» ..Hydrargyric:
					» ..de Morphine.	» ..Morphicus.
					» ..de Quinine	» ..Quinicus
					» ..de Soude.	» ..Sodicus.
					» ..de Zinc.	» ..Zinçicus.
					» ..de Potasse.	» ..Potassicus.
					» ..de Magnésie.	» ..Magnesicus
					DEUTO-SULF: de Mercure.	DEUTO-SULF: Hydrargyric:
					SULFURE ..d'Antimoine.	SULFURETUM Stibicum
					» ..de Calcium.	» ..Calcii.
					» ..de Chaux S:	» ..Calcicum S:.
					» ..de Fer	» ..Ferricum
					» ..d'Iode.	» ..Iodicum..
					» ..de Mercure.	» ..Hydrargyric:
					» ..de Mercure N:	» ..Hydrargyric: N:.
					» ..de Mercure R:	» ..Hydrargyric: R:.
					» ..de Sodium	» ..Sodii.
					» ..de Soude.	» ..Sodicum.
					» ..de Potasse.	» ..Potassæ.
					SEMENCE (*Semences*) d'Anis.	SEMEN (*Semina*) Anisi.
					» ..d'Aneth.	» ..Anethi.
					» ..de Ben.	» ..Moringæ A:.
					» ..de Calebasse.	» ..Cucurb: Lag:.
					» ..de Coings.	» ..Cydonii V:
					» ..de Concombre	» ..Cucumis: Sat:.
					» ..de Croton Tigl:	» ..Crot: Tiglii.
					» ..de Cumin.	» ..Cuminis.
					» ..de Fénugrec..	» ..Fœni Græci.
					» ..de Moutarde B:	» ..Sinapis Alb:.
					» ..de Moutarde N:	» ..Sinapis Nig:
					» ..de Phellandre.	» ..Phellandrii
					» ..de Ricin.	» ..Ricini.
					» ..de Riz.	» ..Oryzæ Sat:
					» ..de Staphysaig:.	» ..Staphysagr:.
					SIROP (*Saccharol: L:*) d'Absinthe	SIRUPUS (*Saccharol: L:*) Absinthii
					» ..d'Ache.	» ..Apii: Grav:.
					» ..d'Amandes..	» ..Amygdalar:
					» ..Anti-Scorbut:	» ..Anti-Scorbut:
					» ..d'Armoise.	» ..Artemisiæ.
					» ..d'Armoise C:	» ..Artemisiæ C:
					» ..de B: de Tolu.	» ..Bals: Tolut

1.	2.	3.	4.	5.	NOMS FRANÇAIS.	NOMS LATINS.
					SIROP (*Saccharol: L:*) de Cachou	SIRUPUS (*Saccharol: L:*) Cathecu
					» ..de Belladone.....	» ..Belladonæ.......
					» ..de Berbéris.....	» ..Berberis V:.....
					» ..de Bourrache....	» ..Borraginis......
					» ..de Camomille....	» ..Chamœmelli
					» ..de Cannelle.....	» ..Cinnamomi.....
					» ..de Capillaire.....	» ..Adianthi.......
					» ..de Cerfeuil.....	» ..Scand: Ceref:.....
					» ..de Cerises......	» ..Cerasorum.....
					» ..de Chantres.....	» ..Erysimi C:.....
					» ..de Chèvrefeuille....	» ..Leon: Caprif:.....
					» ..de Chicorée......	» ..Cichorii C:.....
					» ..de Chou R:.....	» ..Brassicæ R:.....
					» ..des 5 Racines....	» ..5 Rad: C:......
					» ..de Cochléaria....	» ..Cochleariæ.....
					» ..de Coings......	» ..Cydoniorum.....
					» ..de Consoude.....	» ..Symphiti......
					» ..de Coquelicots....	» ..Papav: Rh:.....
					» ..de Cresson......	» ..Nasturtii......
					» ..de Cuisinier.....	» ..Sarsaparil: C:....
					» ..de Cynoglosse....	» ..Cynoglossi.....
					» ..de Desessart.....	» ..Desessart......
					» ..Diacode......	» ..Diacode......
					» ..de Dictame.....	» ..Origani D:.....
					» ..de Digitale.....	» ..Digitalis......
					» ..de Douce-Am:....	» ..Dulcamaræ.....
					» ..d'Éc: de Citrons...	» ..Cort: Citri.....
					» ..d'Ec: d'Orang:....	» ..Cort: Aurantii....
					» ..d'Ec: d'Orang: A:..	» ..Cort: Aurantii A:..
					» ..d'Erysimum C:....	» ..Erysimi C:.....
					» ..d'Ether.......	» ..Æther: Sulf:.....
					» ..de Fl: d'Orang:....	» ..Fl: Aurantii.....
					» ..de Fl: de Pêcher...	» ..Fl: Amygd: P:....
					» ..de Framboises....	» ..Idæi Rub:.....
					» ..de Fumeterre....	» ..Fumariæ:......
					» ..de Gentiane.....	» ..Gentianæ......
					» ..de Gomme.....	» ..Gummi
					» ..de Grenades.....	» ..Fr: Granati.....
					» ..de Groseilles.....	» ..Grossulariar:....
					» ..de Guimauve....	» ..Althææ.......
					» ..d'Hysope......	» ..Hyssopi......
					» ..d'Ipéca......	» ..Ipecacuanh:....
					» ..d'Ipéca C:.....	» ..Ipecacuanh: C:....
					» ..de Jusquiame....	» ..Hyosciami.....
					» ..de Karabé.....	» ..Succini......
					» ..de Laitue......	» ..Lactucæ......
					» ..de Lierre T:....	» ..Glecom: Hed:....
					» ..de Limons	» ..Cit: Limon:.....
					» ..de Longue V:....	» ..Longæ Vitæ.....
					» ..de Marrube.....	» ..Marrubii......
					» ..de Menthe P:....	» ..Menthæ P:.....
					» ..de Menthe C:....	» ..Menthæ Cr:....
					» ..de Miel.......	» ..Mellis.......
					» ..de Mou de Veau...	» ..Pulm: Vit: C:....
					» ..de Mousse de C:..	» ..Fuc: Helmint:....

1.	2.	3.	4.	5.	NOMS FRANÇAIS.	NOMS LATINS.
					SIROP (*Saccharol: L:*) de Mûres.	SIRUPUS (*Saccharol:L:*) Mori Nig:
					» ..de Myrrhe	» ..Myrrhæ.
					» ..de Narcisse des P:	» ..Ps: Narcissi
					» ..de Nerprun	» ..Rham: Cath:
					» ..dé Nymphéa	» ..Nymphææ.
					» ..d'OEillet	» ..Dianthi Car:
					» ..d'Opium	» ..Opii.
					» ..d'Orties	» ..Urticæ D:
					» ..d'Oranges.	» ..Aurantii.
					» ..d'Orgeat	» ..Amygdalar:
					» ..de Pavôts.	» ..Papaverum.
					» ..de Pivoine	» ..Pœoniæ.
					» ..de P: d'Asperg:	» ..Sum: Asparag:
					» ..de Pommes.	» ..Malorum.
					» ..de Quinquina	» ..K: Kinæ
					» ..de Raifort C:	» ..Cochlear: C:
					» ..de Ratanhia.	» ..Ratanhiæ
					» ..de Rhubarbe.	» ..Rhei
					» ..de Rhubarbe C:	» ..Rhei C:
					» ..de Roses.	» ..Rosarum.
					» ..de Roses Pâl:	» ..Rosar: Cent:
					» ..de Safran.	» ..Croci Sat:
					» ..de Salsepareille.	» ..Sarsaparillæ.
					» ..de Salsepareille C:	» ..Sarsaparil: C:
					» ..de Scordium.	» ..Scordii
					» ..Simple.	» ..Simplex.
					» ..Simple Bl:	» ..Simplex Alb:
					» ..de Stœchas	» ..Stœchadis.
					» ..de Stramonium	» ..Stramonii.
					» ..de Sucre	» ..Sacchari.
					» ..Sudorifique.	» ..Sudorificus
					» ..de Thrydace.	» ..Extr: Lactucæ.
					» ..de Tussilage.	» ..Tussilaginis.
					» ..de Trèfle d'E:	» ..Menyanthi.
					» ..de Valériane.	» ..Valerianæ.
					» ..de Vélar.	» ..Erysimi C:
					» ..de Vinaigre.	» ..Aceti.
					» ..Framboisé.	» ..C: Idæi R:
					» ..de Violettes.	» ..Violarum
					SUC (*Opole*) Anti-Scorbutique.	SUCCUS (*Opolet:*) Anti-Scorbut:
					» ..de B: de Sureau.	» ..B: Sambuci.
					» ..de Belladone.	» ..Belladonæ.
					» ..de Berberis.	» ..Berberis V:
					» ..de Bourrache.	» ..Borraginis
					» ..de Carotte.	» ..Dauci Carot:
					» ..de Cerises.	» ..Cerasorum
					» ..de Chicorée.	» ..Cichorii.
					» ..de Choux R:	» ..Brassicæ R:
					» ..de Ciguë.	» ..Cicutæ
					» ..de Citrons.	» ..Citreorum.
					» ..de Coins.	» ..Cydoniorum.
					» ..d'Ec: de Sureau.	» ..Cort: Sambuci
					» ..de Framboises.	» ..Idæi Rub:
					» ..de Grenades.	» ..Fr: Granati.
					» ..de Groseilles.	» ..Grossulariar:

1.	2.	3.	4.	5.	NOMS FRANÇAIS.	NOMS LATINS.
					SUC (*Opolé*) d'Herbes	SUCCUS (*Opolet:*)Herbarum.
					» ..de Mûres.	» ..Mori Nig:.
					» ..de Nerprun.	» ..Rham: Cath:
					» ..d'Oranges.	» ..Aurantior:
					» ..de Pommes.	» ..Malorum.
					» ..de Réglis: Ep:	» ..Glycyrr: Rep:.
					» ..de Roses.	» ..Rosarum.
					» ..de Stramonium..	» ..Stramonii.
					» ..de Verjus.	» ..Uvar: Virid:
					TAFFETAS .d'Angleterre.	SERICUM ..Anglicum.
					» ..Vésicant.	» ..Vesicans.
					TANNIN..	ACIDUM...Tannicum.
					TARTRE...Emétique.	TARTRAS ..Stibico-Pot.
					» ..Martial S:.	» ..Martis Sol:
					» ..Stibié.	» ..Stibico-Pot:.
					TARTRATE. Borico-Pot:.	» ..Borico-Pot:.
					» ..de Potasse	» ..Potassicus
					» ..de Pot: et Sod:	» ..Sodico: Pot:
					» ..de Pot: et Fer:	» ..Ferrico-Pot:
					» ..de Pot: et d'Ant:	» ..Stibico Pot:.
					» ..de Mercure.	» ..Hydrargyric:
					» ..de Soude	» ..Sodicus.
					BI-TARTRATE de Potasse..	BI-TARTRAS Potassicus.
					TERRE....Sigillée.	TERRA....Sigillata.
					THÉ.....Suisse	THEA.....Helvetica
					» ..Hyswin.	» ..Hyswena
					» ..Perlé.	» ..Perlata
					» ..Vert	» ..Viridis
					» ..Souchong.	» ..Souchong.
					» ..Pékao.	» ..Pekao.
					TURBITH. ..Minéral.	S:-SULFAS. Hydrargyric:
					» ..Végétal.	CONVOLVULUS Turpethum
					TAPIOKA..	JATROPHA. Manihot.
					TOURNESOL en Pains.	MASSÆ....Heliotropii
					TERRA-MERITA.	TERRA-MERITA.
					TABLETTES (*Saccharolé S:*).	TABELLÆ (*Saccharol: S:*)
					» ..d'Ac: Tartriq:	» ..Acid: Tratric:.
					» ..d'Ac: Citriq:	» ..Acid: Citric:
					» ..Ant: de Kunk:	» ..Sulf: Stibic:
					» ..de B: de Tolu.	» ..Bals: Toluif:
					» ..de Bicarb: de S:	» ..Bicarb: Sod:
					» ..de Cachou	» ..Cathecu.
					» ..de Magnésie	» ..Magnesiæ.
					» ..Chalybées.	» ..Martiales
					» ..de Charbon.	» ..Carbonis..
					» ..de Daubenton.	» ..Daubenton
					» ..de d'Arcet	» ..D'Arcet
					» ..d'Épong: Br:	» ..Spongiæ Ust:
					» ..de Fer	» ..Martiales.
					» ..de Gomme	» ..Gummi.
					» ..de Guimauve	» ..Althææ.
					» ..de Vichy	» ..Vichy.
					» ..d'Ipéca.	» ..Ipecacuanhæ
					» ..de Kermès	» ..Kermetis.

1.	2.	3.	4.	5.	NOMS FRANÇAIS.	NOMS LATINS.
					TABLET:(*Saccharol:S:*)de Lichen	TABELLÆ(*Saccharol:S:*)Lichenis
					» ..de Manne	» ..Mannæ
					» ..Martiales	» ..Martiales
					» ..de Menthe P:	» ..Menthæ P:
					» ..de Mercure D:	» ..Chlor: Hydrar:
					» ..de Kina	» ..Kinæ
					» ..de Rhubarbe	» ..Rhei
					» ..de Soufre	» ..Sulfuris
					» ..de Suroxal: de P:	» ..Suroxal: P:
					» ..Vermifuges	» ..Vermifugæ
					» ..de Vichy	» ..Vichy
					TEINTURE (*Alcoolé*) d'Absinthe	TINCTURA (*Alcooletum*) Absinthii
					» ..d'Aconit	» ..Aconiti
					» ..d'Aloës	» ..Aloës
					» ..Composée	» ..Composita
					» ..d'Ambre Gris	» ..Physet: Macr:
					» ..d'Asa-Fœtida	» ..Asæ-Fœtidæ
					» ..d'Asarum	» ..Asari
					» ..d'Aunée	» ..Inulæ Hel:
					» ..de Belladone	» ..Belladonæ
					» ..de B: de Tolu	» ..Bals: Toluif:
					» ..de Benjoin	» ..Benzoïni
					» ..de Bonferme	» ..Aromatica
					» ..de Cachou	» ..Cathecu
					» ..de Cannelle	» ..Cinnamomi
					» ..de Cantharid:	» ..Cantharid:
					» ..de Cascarille	» ..Cascarillæ
					» .de Castoréum	» ..Castorei
					» ..de Ciguë	» ..Cicutæ
					» ..de Colchique	» ..Colchici
					» ..de Contrayerva	» ..Contrayervæ
					» ..de Digitale	» ..Digitalis
					» ..d'Ellébore N:	» ..Hellebori N:
					» ..d'Euphorbe	» ..Euphorbii
					» ..d'Ext: d'Opium	» ..Extr: Opii
					» ..de Gayac	» ..Guayaci
					» .de Gentiane	» ..Gentianæ
					» ..de Gingembre	» ..Zinziberis
					» ..de Girofle	» ..Caryophylli
					» ..de Gom: Am:	» ..Gummi Am:
					» ..de Gom: Gut:	» ..Gummi Gut:
					» ..d'Iode	» ..Iodi
					» ..d'Ipéca	» ..Ipecacuanh:
					» ..de Jalap	» ..Jalapæ
					» ..de Jalap C:	» ..Jalapæ C:
					» ..de Jusquiame	» ..Hyosciami
					» ..de Laitue V:	» ..Lactucæ V:
					» ..de Mastic	» ..Mastiche
					» ..de Musc	» ..Moschi
					» ..de Myrrhe	» ..Myrrhæ
					» ..de Noix V:	» ..Strych: N: V:
					» ..d'Opium	» ..Opii
					» ..de Pyrèthre	» ..Pyrethri
					» ..de Quassia	» ..Quassiæ
					« ..de Kina	» ..Kinæ

1.	2.	3.	4.	5.	NOMS FRANÇAIS.	NOMS LATINS.
					TEINTURE (*Alcoolé*) de Scille	TINCTURA (*Alcoolet:*) Scillæ
					» ..de Raifort	» ..Cochlear: Arv:
					» ..de Raifort C:	» ..Cochl: Ar: C:
					» ..de R: de Gayac	» ..R: Guayaci
					» ..de Rhubarbe	» ..Rheï
					» ..de Rhus Rad:	» ..Rhus Toxic:
					» ..de Safran	» ..Croci Sat:
					» ..de Savon	» ..Saponis
					» ..de Scammon:	» ..Scammonii
					» ..de Séné	» ..Sennæ
					» ..de Stramon:	» ..Stramonii
					» ..de Succin	» ..Succini
					» ..de Thérébenth:	» ..Terebenth:
					» ..de Valériane	» ..Valerianæ
					» ..de Vanille	» ..Vanillæ
					» ..Aromatique	» ..Aromatica
					» ..Aromatiq: Sulf:	» ..Aromat: Sulf:
					» ..Anti-Scorbut:	» ..Anti-Scorbut:
					» ..Balsamique	» ..Balsamica
					» ..de Bestuchef	» ..Bestuchef
					» ..de Mars Tart:	» ..Martis Tart:
					» ..Vulnéraire	» ..Vulneraria:
					TEINT: ÉTH: (*Éthérolé*) d'Aconit	TINCT: ÆTH: (*Ætherolet:*) Aconit
					» ..d'Arnica	» ..Arnicæ
					» ..d'Ambre	» ..Physet: Macr:
					» ..d'Asa-Fœtida	» ..Asæ-Fœtidæ
					» ..de B: de Tolu	» ..Bals: Toluif:
					» ..de Belladone	» ..Belladonæ
					» ..de Cantharid:	» ..Cantharid:
					» ..de Castoreum	» ..Castorei
					» ..de Ciguë	» ..Cicutæ
					» ..de Digitale	» ..Digitalis
					» ..de Jusquiame	» ..Hyosciami
					» ..de Morelle	» ..Solani Nig:
					» ..de Musc	» ..Moschi
					» ..de Nicotiane	» ..Nicotianæ
					» ..de Phosphore	» ..Phosphori
					» ..de Pyrèthre	» ..Pyrethri
					» ..de Succin	» ..Succini
					» ..de Valériane	» ..Valerianæ
					TROCHISQUES Escharotiques	TROCHISCI. Escharotici
					» ..de Minium	» ..Eschar: Minii:
					VIN (*ŒEnolé*) d'Absinthe	VINUM (*ŒEnoletum*) Absinthii
					» ..Amer Scillit:	» ..Scillitic: Am:
					» ..Antimonié	» ..Stibicum
					» ..Anti-Scorbut:	» ..Anti-Scorbut:
					» ..d'Aunée	» ..Inulæ Hel:
					» ..Chalybé	» ..Chalybeatum
					» ..Colchique	» ..Colchicum
					» ..Diurétique	» ..Diureticum
					» ..Émétique	» ..Tart: Stib: Pot:
					» ..de Gentiane	» ..Gentianæ
					» ..d'Opium C:	» ..Opii C:
					» ..d'Opium	» ..Opii

1.	2.	3.	4.	5.	NOMS FRANÇAIS.	NOMS LATINS.
					VIN (*OEnolé*) Scillitique.	VINUM (*OEnoletum*) Scilliticum.
					» ..de Kina.	» ..Kinæ. . . . . . .
					VINAIGRE (*Oxéolé*) Antiseptiq:	ACETUM (*Oxeoletum*) Antiseptic:
					» ..Camphré	» ..Camphorat.. . . . .
					» ..Colchique.	» ..Colchicum. . . . .
					» ..Distillé..	» ..Stillatitium . . . .
					» ..Framboisé.	» ..Idæi Rub. . . . .
					» ..de Lavande	» ..Lavandulæ.. . . .
					» ..d'OEillets	» ..Dyanthi C: . . . .
					» ..d'Opium	» ..Opii.. . . . . .
					» ..Radical	» ..Aceticum. . . . .
					» ..de Romarin. . . .	» ..Romarini. . . . .
					» ..Rosat.	» ..Rosatum.. . . . .
					» ..de Sauge	» ..Salviæ . . . . .
					» ..Scillitique. . . .	» ..Scilliticum.. . . .
					» ..de Sureau. . . .	» ..Sambuci.. . . .
					» ..des 4 Voleurs. . .	» ..Antiseptic: . . .
					VERT-DE-GRIS..	ACETAS...Cupricus. . . .
					VERDET	» ..Cupricus Cr: . . .
					VITRIOL...Blanc.	SULFAS...Zincicus. . . .
					» ..Vert.	» ..Ferricus. . . . .
					» ..Bleu..	» ..Cupricus . . . .
					VERRE....d'Antimoine. . . .	OXID: SULF: Stibic: Vit: . . .
					VERMILLON..	CINNABARIS Pulv: . . . .
					YEUX.....d'Ecrevisse	CALCULI Cancrorum.. . . .
					ZINC..	ZINCUM.. . . . .

FIN.

Ce Tableau Représente la grandeur exacte de l'Assortiment des Étiquettes de la Maison H. CLARE St-ALLAIS.
CADRE DE LA GRANDEUR N° 1.
CADRE DE LA GRANDEUR N° 2.
CADRE DE LA GRANDEUR N° 3.
CADRE DE LA GRANDEUR N° 4.
CADRE DE LA GRANDEUR N° 5.
N° 1.
N° 2.
N° 3.
N° 4.
N° 5.

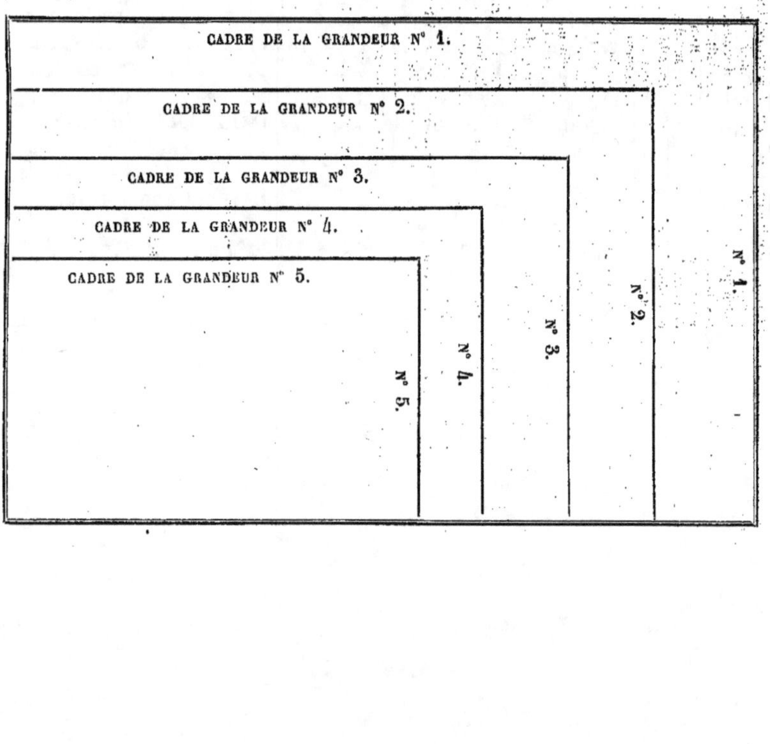

NOTES EXPLICATIVES.

Cette Nomenclature est d'une double utilité.

1° Elle peut servir de Dictionnaire aux Elèves de Pharmacie, et, par là, leur éviter des erreurs souvent déplorables. Elle donne, du reste, à côté des anciens mots, les mots nouveaux les plus en usage selon M. CHEREAU.

2° Elle sert à désigner au Fabricant les Étiquettes qu'on veut lui commander.

Pour rendre ce dernier but plus facile on a fait précéder le nom des Substances de cinq colonnes, ayant chacune en tête un numéro correspondant aux grandeurs désignées ci-contre. Il suffira donc de tirer un trait horizontal, semblable à un trait d'union en face du nom de la Substance dont on demande l'Étiquette, et avoir soin de le placer dans la colonne, dont le numéro représente la grandeur de l'Étiquette dont on aura besoin : par exemple soit le tableau suivant :

1.	2.	3.	4.	5.	NOMS FRANÇAIS.	NOMS LATINS.
—	—	..	..	..	EAU DIST: (*Hydrolat*) de Laitue.	AQUA (*Hydrolat:*) Lactucæ.
—	..	..	..	..	» ..de Roses	» ..Rosarum
—	..	..	..	..	» ..de Mélilot.	» ..Meliloti.
..	..	..	—	—	ESSENCE (*Alcoolé*) de Savon	TINCTURA (*Alcooletum*) Saponis.
..	..	—	—	..	EXTRAIT (*Opostolé*) d'Aconit.	EXTRACTUM (*Opostolet:*) Aconiti.
..	—	—	..	..	» ..d'Aunée	» ..Inulæ Hel:
..	..	..	..	—	TEINT: ÉTH: (*Éthérolé*) de Digit:	TINCT: ÆTH: (*Ætherolet:*) Digit:
..	..	..	..	—	» ..de Belladone	» ..Belladonæ.
—	..	..	..	..	ÉCORCE (ÉCORCES) de Cascarille.	CORTEX (CORTICES) Cascarillæ .
—	—	..	..	..	» ..de Citrons	» ..Citreorum.

Les traits horizontaux qui s'y trouvent tracés désignent qu'il faut :

5 Étiquettes première grandeur, *Eau distillée* de *Laitue*, de *Roses*, de *Mélilot*, et *Écorces* de *Cascarille* et de *Citrons*;

3 Étiquettes deuxième grandeur, *Eau distillée* de *Laitue*, *Extrait* d'*Aunée* et *Écorces* de *Citrons*;

2 Étiquettes troisième grandeur, *Extrait* d'*Aunée* et d'*Aconit*;

2 Étiquettes quatrième grandeur, *Essence de Savon* et *Extrait* d'*Aconit*;

3 Étiquettes cinquième grandeur, *Essence de Savon*, *Teinture éthérée* de *Digitale* et de *Belladone*.

Pour désigner qu'on veut les Étiquettes en français on tire un trait vertical sur les mots latins, et vice versà si on les veut en latin.

On barrera ensuite les anciens mots ou les nouveaux, suivant que l'on voudra les uns ou les autres.

Ainsi disposée, cette Nomenclature doit être mise sous bande et présentée au bureau de poste où elle sera affranchie pour 10 centimes, comme ouvrage de plus d'une feuille d'impression et relatif à la science pharmaceutique. Elle ne doit avoir aucune surcharge d'écriture, autrement elle ne serait pas acceptée à l'affranchissement. Si on a d'autres observations à faire on les fait par lettre et à part. Cette Nomenclature est toujours renvoyée avec les Étiquettes.

Les abréviations que l'on remarque ici sont à peu près celles qui doivent se trouver sur les Étiquettes.

On a eu soin également de distinguer par des Majuscules les mots qui doivent former la première ligne de l'Étiquette, et par des Minuscules celles qui doivent former la ligne de dessous : les mots écrits en entier en Majuscules ne forment qu'une ligne.

Cette différence de caractère disparaît dans les Étiquettes, qui ne sont livrées qu'en caractères uniformes.

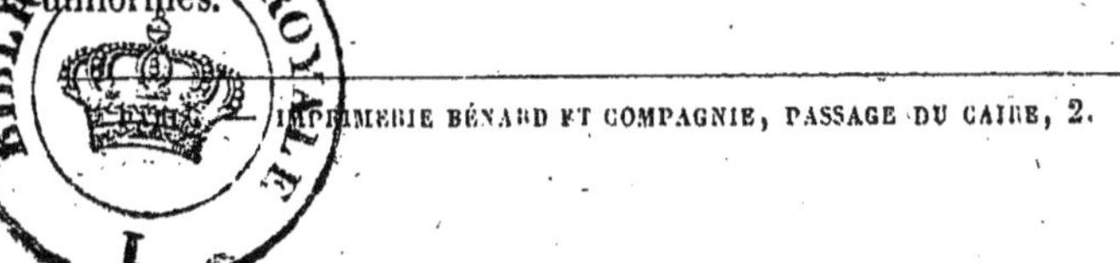

IMPRIMERIE BÉNARD ET COMPAGNIE, PASSAGE DU CAIRE, 2.